UNGARISCHE BIBLIOTHEK
FÜR DAS UNGARISCHE INSTITUT AN DER UNIVERSITÄT BERLIN
HERAUSGEGEBEN VON JULIUS VON FARKAS
Erste Reihe

24.

Zur ostseefinnischen Morphologie: Stammesalternation im Ostseefinnischen

Von

Arno Bussenius

1939
Walter de Gruyter & Co.
vormals G. J. Göschen'sche Verlagshandlung — J. Guttentag, Verlagsbuchhandlung — Georg Reimer — Karl J. Trübner — Veit & Comp.
Berlin und Leipzig

Archiv-Nr. 640 158

D 11

Vorstehende Arbeit hat der Philosophischen Fakultät der Universität Berlin
als Dissertation vorgelegen

Druck von C. Schulze & Co., GmbH., Gräfenhainichen

Vorwort.

Vorliegende Arbeit wurde als Doktordissertation bei der Philosophischen Fakultät der Universität Berlin April 1937 eingereicht. Deshalb konnte die seitdem erschienene Literatur entweder gar nicht berücksichtigt oder nur kurz auf sie verwiesen werden. Da sich nun diese Arbeit gemäß dem grundlegenden Charakter des in ihr behandelten Problems notwendigerweise mit einer ganzen Reihe der verschiedensten Probleme der ostseefinnischen Morphologie und Lautgeschichte überhaupt, ja nahezu mit sämtlichen wichtigeren Problemen derselben mehr oder weniger eingehend befaßt, macht sich diese Nichtberücksichtigung leider an mehr als einem Punkte dieser Abhandlung geltend. Gleichwohl bin ich der Überzeugung, daß kein wesentlicher Punkt der in dieser Arbeit gewonnenen Resultate auf Grund der neuesten Literatur geändert werden müßte. Auf einige Fragen, wie z. B. Ravilas Beurteilung gewisser finnischer Komparativformen in FUF XXIV, die ich nicht billigen kann, komme ich in anderem Zusammenhange zurück.

Da in dieser Arbeit die Darstellung der Konsonantstämme nicht Selbstzweck ist, sondern nur als Mittel zur Gewinnung weiterer Resultate dient, konnte bisweilen auf ein Zurückgehen auf die Originalquellen resp. auf die neuesten Texteditionen (beides stand mir hier auch größtenteils nicht zur Verfügung) verzichtet werden. Eine vollständige Darstellung des Vorkommens der Konsonantstämme hätte übrigens den Rahmen dieser Arbeit gesprengt. Hier kam es vielmehr vor allem nur auf eine einwandfreie Darstellung des Vorkommens der Konsonantstämme in den Grundzügen an.

Es verbleibt mir nun noch die angenehme Pflicht, allen denen, die mich bei dieser Arbeit mit ihrem Rat gefördert haben, meinen verbindlichsten Dank zu sagen, vor allem den beiden Herren Berichterstattern Professor Dr. Julius von Farkas und Professor Dr. Max Vasmer. Herrn Professor Vasmer gebührt an dieser Stelle vor allen anderen mein tiefgefühlter Dank dafür, daß er jederzeit meinen

Arbeiten regstes Interesse und intensive Förderung zuteil werden ließ. Herrn Professor von Farkas danke ich hier für die Aufnahme der Arbeit in die Ungarische Bibliothek. Von ausländischen Gelehrten verdanke ich den Herren Professor Dr. Lauri Kettunen von der Universität Helsinki (Finnland) sowie ganz besonders Herrn Professor Dr. Juulius Mägiste von der Universität Tartu (Estland) wertvolle Ratschläge, wofür ich den beiden Gelehrten hier meinen wärmsten Dank ausspreche.

Berlin, November 1938.

Arno Bussenius.

Inhalt.

1. Kapitel (§§ 1—15).

Die morphologisch-systematische Betrachtungsweise speziell bei Behandlung des uns gestellten Problems.

§ 1. Nach Ahlqvist und seiner Schule ist in der finnischen Sprachwissenschaft nicht mehr der Versuch zu einer systematisch-zusammenhängenden Behandlung morphologischer Fragen unternommen worden. Gewiß wurden im Zusammenhang mit lautgeschichtlichen Untersuchungen immer wieder einzelne Formen und Formgruppen sowie Ableitungstypen behandelt (schon in Setäläs „Gemeinfinnischer Lautlehre“ wird eine Fülle morphologischer Fragen erörtert), und bisweilen wurden morphologische Fragen sogar von primär morphologischem Gesichtspunkt untersucht, was selbstverständlich das von der Morphologie gar nicht zu trennende lautgeschichtliche Moment nicht ausschloß: es war nur nicht richtunggebend in den betreffenden Fällen. Man denke etwa an die Passivkontroverse Vir. 1915/16 und vor allem an Marks grundlegende Untersuchung über die ostseefinnischen Possessivsuffixe. Aber auch bei den Untersuchungen der letzten Art handelt es sich eben doch nicht um größere morphologisch-systematische Zusammenhänge.

Verfasser ist nun der Ansicht, daß gerade die morphologisch-systematische Betrachtungsweise manches Problem der Sprachgeschichte, und zwar natürlich speziell der Geschichte der äußeren Sprachgestalt, anders sehen lehrt als dies die rein lautgeschichtliche Einstellung ermöglicht.

§ 2. Hierbei habe ich verschiedene Fragen der finnischen Sprachgeschichte im Auge, von denen ich eine im folgenden herausgreifen möchte. Ich denke an die Wechselfälle *a* ~ *e* in den ostseefinnischen Sprachen.

§ 3. Über diese Erscheinung hat in neuerer Zeit (d. i. seit der Einführung der modernen sprachwissenschaftlichen Methode) zuerst Kalima geschrieben (Vir. 1911 S. 57—58), soweit sie den Wechsel *a* ~ *e* in der zweiten Silbe der zweisilbigen Adjektiva auf -*a* zwischen Positiv und Komparativ betrifft, z. B. *paha* ~ *pa*-

hempi. Er sieht bei diesem Wechsel, wie ja an sich nahe liegt, nicht das *a* des Positivs, sondern das *e* des Komparativs für erklärungsbedürftig an, und so laufen denn seine Ausführungen schließlich darauf hinaus, daß er das *e* des Komparativs analogisch nach Formen wie *suurempi* usw. erklärt. Er erklärt also nicht den Wechsel als solchen, sondern schafft ihn gewissermaßen durch analogische Erklärung des einen Wechselfalls aus der Welt. Auf diese Weise wird das Problem vom morphologischen Gebiet unversehens auf das lauthistorische abgeschoben.

§ 4. Dagegen wäre natürlich nichts einzuwenden, wenn die analogische Erklärung wirklich einleuchtend wäre. Dies scheint sie uns aber schon darum nicht zu sein, weil der der Analogieerklärung zugrunde gelegte Adjektivtypus, nämlich die „zweisilbigen *e*-Stämme", im Vergleich zu dem *a*-Typus unter den Adjektiven gar nicht so häufig vertreten ist. Die von Kalima ebenfalls angeführten drei- und mehrsilbigen Adjektivstämme mit dem Themavokal *e* kommen doch zunächst deshalb nicht in Betracht, da ja die drei- und mehrsilbigen Stämme im Komparativ *a* aufweisen. Die Beispiele würden also überdies gerade gegen Kalimas Erklärung sprechen.

§ 5. Auch der von Kettunen (Vir. 1924 S. 60) in Ergänzung der Ausführungen Kalimas vorgebrachte Hinweis auf die in gleicher Richtung gehende analogische Einwirkung des Superlativs ist, wenn er auch zunächst bestechender erscheint als Kalimas Argumentierung, für sich allein unzureichend.

§ 6. Aber ein noch schwerwiegenderer Einwurf gegen die Analogieerklärung als ihre ungenügende Begründung im einzelnen ist der, daß sie den Wechselfall *paha* ∼ *pahempi* aus seinem ganzen morphologischen Zusammenhang herausreißt. Der Wechsel *a* ∼ *e* ist ja bekanntlich auch sonst im Ostseefinnischen (und Lappischen) in den mannigfachsten Stellungen sehr häufig. Und selbst in seinem ganzen Umfang behandelt, kann dieser Wechsel nicht genügend erklärt werden, da er auch dann immer noch eine isolierte Erscheinung darstellen würde.

Wir können ihn vielmehr nur in Verbindung mit solchen Erscheinungen wie den paradigmatischen Wechselfällen *i* ∼ *a*, *i* ∼ *e*, *ø* ∼ *e*, *ø* ∼ *a* sowie *i* ∼ *a* ∼ *ø* in der Deklination und *a* ∼ *ø* ∼ *e* sowie *ø* ∼ *e* in der Konjugation und *ø* ∼ *e*, *ø* ∼ *a*, *a* ∼ *e* ∼ *i*, *a* ∼ *e* und *a* ∼ *e* ∼ *ø* in der Wortbildung und schließlich *a* ∼ *e* ∼ *ø* in der Komparation richtig würdigen.

§ 7. Gewiß haben Ojansuu (Vir. 1911 S. 129) und Kettunen (Vir. 1924 S. 57ff., 89ff.) schon einen größeren Komplex der *a* ~ *e*-Wechselerscheinungen ins Auge gefaßt, und zwar behandelt außer beim Komparativ und dem Verbaltypus *ylentää* letzterer diesen Wechsel auch beim Infinitiv, bei frequentativen Verben, beim Passiv, bei den Possessivsuffixen und Verbalendungen, in der Personalendung der ersten und zweiten Person Pluralis der Verba, bei den Adjektiven *-sa*, bei gewissen Ableitungen (*nauta navetta*) — ja sogar beim comit. ess. und bei verschiedenen Lokalkasus (später fügte er noch solche Fälle hinzu wie estn. dial. *kumàrᴅeme*, *vasàre* fi. *vasarat* usw. usw.), ersterer beim Passiv, bei den Frequentativa, bei Ableitungstypen wie *nauta navetta* und bei den Personalendungen des Verbs in der ersten und zweiten Person Pluralis.

§ 8. Und beide haben auch eine für alle diese Fälle gemeinsame Erklärung versucht: Kettunen sieht in diesen Wechselfällen die Spuren eines Lautwandels *a* > *e* zwischen zwei zur selben Silbe gehörigen Dentalkonsonanten, nach Ojansuu wiederum ist dieser Lautwechsel im Stufenwechsel begründet.

Aber nicht nur, daß diese Gruppen nicht weit genug gefaßt sind, auch die Erklärungen sind kaum befriedigend.

§ 9. Das Lautgesetz Kettunens hat einerseits allzu viele Ausnahmen, andererseits ist es bei weitem nicht zur Erklärung aller von ihm genannten Fälle ausreichend. Aus diesen beiden Gründen muß Kettunen auch mit zahlreichen, bald in der einen, bald in der anderen Richtung gehenden Analogieerklärungen aufwarten. Nun kann man zwar immer noch gut verstehen, daß ein Lautgesetz das eine oder andere Mal durch Analogiewirkungen rückgängig gemacht wird, — daß es aber durch Analogiewirkungen in so weitgehendem Maße, wie Kettunen annimmt, über seinen eigentlichen Bereich hinausgreifen soll, ist wesentlich schwieriger zu verstehen.

In manchen Punkten führt das Lautgesetz Kettunens, wie Rapola richtig bemerkt (Kollaniuksen kielestä S. 139), geradezu zu Unmöglichkeiten. Insbesondere dürfen die Komitativ- und die Essivform nicht in diesen Wechsel einbezogen werden. Gewiß ist im Südwestfinnischen (Ojansuu, LMÄH II 149), also in einer Sprachform mit stark abgeschliffenen Auslautsilben, sowie auch im Wotischen Vermengung des Komitativs mit dem Essiv zu konstatieren, aber diese höchst seltenen Fälle von Vermengung stehen in gar keinem irgendwie in die Wagschale fallenden Verhältnis zu den Fällen, in denen beide Kasus auseinandergehalten sind, zumal wenn man die Seltenheit des Komitativs berücksichtigt. Was wiederum die von Kettunen betonte Verwandtschaft der Funktionen betrifft, so besteht sie lediglich darin, daß beide Kasus in „adverbialer" Verwendung vorkommen. Mit ähnlichen Argumenten will Wiklund in der Qvigstad-Festschrift die ursprüngliche Identität von Genitiv und Instruktiv erweisen (hierüber an anderem Ort). Trotz allem bleibt aber der Versuch Kettunens, eine immerhin ziemlich umfangreiche Gruppe derartiger Wechselerscheinungen des Vokals der zweiten und dritten Silbe unter einer einheitlichen Erklärung zusammenzufassen, als äußerst bemerkenswert bestehen.

§ 10. Ojansuus Erklärung wiederum (Vir. 1911 S. 129), daß die Erscheinungen auf Stufenwechsel beruhen, ist an sich als zu vage zu bezeichnen. Er hat denn auch selbst später (Suom. Tied.-Ak. Esit. ja Pöytäk. 1919 [erschienen Hels. 1920] S. 83ff.) in erster Linie im Hinblick auf das *e*-Passiv der Verba auf *-a* (in einer Anmerkung ebenda S. 86 zieht er aber zögernd auch die Komparative *-empi* von *a*-Adjektiven sowie Verba vom Typus *pahene-* mit heran) die Stufenwechselerklärung — freilich spricht er auch von einem „Lautgesetz" s. ebenda S. 86 oben — für *a* ~ *e*-Wechsel in der Weise näher spezifiziert, daß sich bei diesen Verba jeweils ein Verb auf *-a* und ein solches auf *-o* in der Weise vermengt hätten — Ojansuu weist, um diese Kontaminationstheorie schmackhaft zu machen, auf andere Kontaminationsfälle hin —, daß das Verb auf *-a* im Aktiv, das auf *-o* im Passiv auftrete, wobei sich der Umstand, daß im Passiv statt des demnach zu erwartenden *o* ein *e* auftrete, dadurch erkläre, daß bei diesen Verben *o* in offenen (unbetonten), *e* in geschlossenen (betonten) Silben vorkäme (S. 86). Gleichzeitig aber lehnt Ojansuu eine eingehende Darlegung des Lautgesetzes ab.

Der beste Beweis für die Stichhaltigkeit dieser Erklärung Ojansuus wäre zweifellos der, daß sich von Verben wie *valvoa* usw. Passive wie *valvetaan* fänden, und zwar insbesondere dort, wo sich kein Verb wie *valvaa* daneben zeigt. Aber gerade das ist nicht der Fall! Denn, wie Ojansuu selbst mitteilt, „findet sich ein solches Passiv (nämlich *valvetaan, valvettiin*) auf den Gebieten, wo das alte Verb *valvan, valvaa* erhalten ist". Ojansuu sieht freilich hierin sonderbarerweise ein Zeugnis für die Richtigkeit seiner Aufstellungen.

Überdies sind die *o*-Verba sehr selten („Die Ursache zum *e*-Passiv der Verba auf *-a* [*-ä*], die Gruppe der ursprünglich auf *-a* ausgehenden Verba, ist als überflüssig fast spurlos verschwunden: die Mutter ist nach der Geburt eines lebenskräftigen Kindes selbst gestorben“, ebenda S. 87 oben). Die Erklärung wirkt also recht gekünstelt.

Damit soll selbstverständlich gegen die Annahme eines *e* ∼ *o*-Wechsels zunächst ebensowenig etwas gesagt sein wie gegen die an sich bestehende Möglichkeit einer Kontamination mehrerer Verbalstämme, obwohl in diesem speziellen Falle, wo beide Stämme einander so nahe stehen, diese Annahme a priori als ein allzu billiger Ausweg erscheint, zumal bei Verba wie *tietää*, *taitaa* usw. dann eigentlich von einer Kontamination von drei Stämmen geredet werden müßte. Immerhin bleibt auch bei Ojansuus Ausführungen der Umstand beachtenswert, daß er diese selbe Erklärung (*e* ∼ *o*-Wechsel) auch für den *ø* ∼ *a*-Wechsel der Nomina in Anwendung bringt (ebenda S. 90).

§ 11. Zum *a* ∼ *e*-Wechsel, insbesondere im Passiv, hat sich auch Setälä gelegentlich seiner Ausführungen über das Passiv im Finnischen geäußert. Er meint jedoch: „Wir können nur konstatieren, daß der Wechsel *a* ∼ *e* so alt ist, daß er völlig außerhalb unserer gegenwärtigen Kenntnisse liegt: *a* hat zu bestimmten Formen gehört, *e* ebenfalls zu bestimmten Formen; nebeneinander hat gleichzeitig bestanden: *laulettu*, causat. *laulatta-*, sowie auch *vastattu*, aber wir wissen nicht, wovon dieser Wechsel abhängt. Dieser Wechsel muß somit von hinter dem uns bekannten Urfinnischen zurückliegenden, d. i. von vorfinnischen Voraussetzungen abhängen; wir wissen nicht, ob sich hier möglicherweise so etwas verbirgt wie in dem lappischen Wechsel *a* ∼ *e*, oder ob es sich um einen „geschwächten“ oder eine Art „Bindevokal“ oder um etwas anderes handelt.“ Setälä läßt also die Lösung der Frage offen, vor allem aber stellt er sie nicht in einen größeren morphologischen Zusammenhang. Was insbesondere die Ansetzung eines Hilfsvokals anbelangt, so kann bereits hier angedeutet werden, daß sie freilich den Ansatz zu einer Lösung darstellt. Doch hätte diese Idee, wenn sie sich hätte wirklich fruchtbar erweisen sollen, nicht nur so nebenbei unter einer Menge anderer Erklärungsmöglichkeiten und dazu noch völlig unbegründet und, was das Wichtigste ist, so ganz vage vorgebracht werden dürfen. Es muß genau präzisiert werden, was unter „Hilfsvokal“ zu verstehen ist. Spricht man von „Hilfsvokal" oder „Bindevokal" schlechthin, so ist die Annahme irreführend.

§ 12. Beachtenswert ist schließlich noch, daß Rapola den *a* ~ *e*-Wechsel, allerdings nur soweit er die Aktiv- resp. die Passivformen betrifft, mit dem *a* ~ *ø*-Wechsel (d. h. mit dem Wechsel von *a*-Stamm und konsonantischem Stamm) in Verbindung bringt (Kollan. kielestä S. 139). Er tadelt nämlich Kettunen ausdrücklich deswegen, weil dieser bei seiner Betrachtung der *a* ~ *e*-Wechselfälle, und zwar soweit dieser Wechsel bei Aktiv und Passiv der *a*-stämmigen Verba in Frage kommt, die Passive vom Konsonantstamm unberücksichtigt gelassen habe: „Es sei hier nur der völlig unbeachtet gelassene Umstand erwähnt, daß sowohl bei Verben mit Stamm auf -*a*, -*ä* wie auf -*e* das Passiv ursprünglich in sehr vielen Fällen vom konsonantischen Stamm gebildet wurde und daß teils früh, teils aber sogar recht spät solche Passivformen durch Passivformen, die vom Vokalstamm nach den übrigen, vom Vokalstamm abgeleiteten Formen gebildet waren, ersetzt wurden. Es wäre angebracht zu untersuchen, in welchem Maße diese ebensowohl bei *a*-, *ä*- wie bei *e*-stämmigen Verben vorgenommene Verallgemeinerung des Stammes das Auftreten von *e* im Passiv der *a*-, *ä*-stämmigen Verben veranlaßt hat" (ebenda S. 139). Rapola gibt diesen Hinweis auf eine mögliche Erklärung, wie gesagt, nur im Hinblick auf den *a* ~ *e*-Wechsel im Aktiv/Passiv der *a*-stämmigen Verba, nicht im Hinblick auf die anderen ebenfalls von ihm erwähnten gleichartigen Wechselfälle bei Positiv/Komparativ der Adjektiva auf -*a* und einige Einzelfälle, wie *muutamat muutamet*, *monikahdat monikahdet*, *kodiksamen kodiksemen*, *avanto avento*.

Ist auch die von Rapola vorgenommene Inbeziehungsetzung des *a* ~ *e*-Wechsels zum Auftreten der Konsonantstämme nicht nur in den von ihm gezogenen Grenzen, sondern, wie wir noch sehen werden, sogar in viel größerem Umfange richtig, so müssen doch die Zusammenhänge grundlegend anders als aus etwaigen analogischen Einflüssen, auf die Rapola offenbar anspielt, hergeleitet werden.

§ 13. Außer dem *a* ~ *e*-Wechsel, aber nicht im Zusammenhang mit ihm, ist natürlich auch der Wechsel von Auslaut-*i* und Inlaut-*a* sowie der von *i* (Auslaut) und *e* (Inlaut) beachtet worden.

Der *a* ~ *i*-Wechsel geschah nach Ojansuu (JSFOu. 30. Artikel 17), der nicht nur die bekannten Wechselfälle im Komparativ (zwischen und Potential, je nachdem ob es sich um Singular oder Plural handelt, sondern auch die Partikeln kin/kaan sowie Fälle wie *suomalainen Suomi* u. ä. anführt, im späteren Urfinnischen (Ojansuu verwendet den Ausdruck „alkusuomi", nicht „kantasuomi"), und zwar über die Zwischenstufe *e*, so daß es sich also um eine Übergangsserie *a* > *e* > *i* handeln würde, wobei der zweite Teil des Prozesses gleichzeitig mit dem *e* > *i*-Übergang in zweisilbigen Wörtern wie *tule* > *tuli* stattfand. Der Lautwandel des (Auslaut-) *a* > *e* > *i* fand nach Ojansuu in größerem Umfange statt als nach dem *a* ~ *i*-Wechselfällen des modernen Finnisch zu erwarten wäre, und somit sei der *a* ~ *i*-Wechsel früher einmal viel verbreiteter gewesen. Hier sei nur noch erwähnt, daß Ojansuu den *i* ~ *a*-Wechsel aus den Akzentverhältnissen und speziell das Auftreten des *i* im Nominativ aus dem starken exspiratorischen Akzent, der ursprünglich auf der ersten Silbe geruht habe, erklärt und dem gemäß meint, daß im späteren Urfinnischen dieser Wechsel in sämtlichen dreisilbigen Nomina, ja auch in zweisilbigen Nomina mit langer erster Silbe stattgefunden habe, während bei zweisilbigen Nomina mit kurzer erster Silbe der auslautende *a*-Vokal der zweiten Silbe durch den Akzent und daraus resultierender halblanger Quantität vor Schwächung zu *e* und weiter *i* bewahrt worden sei (*kalà* usw.).

Auch Kettunen (Vir. 1924 S. 62 Anm.) ist der Ansicht, daß der lautgesetzliche Nominativ (Singularis) der Possessivadjektiva Auslaut-*i* und nicht wie heute Auslaut-*a* aufwies.

§ 14. Schon an dieser Stelle ist an den vorstehenden Erklärungen zu kritisieren, daß die betreffenden Forscher, selbst wenn man ihnen die Nichtberücksichtigung des *a* ~ *e*-Wechsels in diesem Zusammenhang nachsehen will, doch wenigstens den Umstand hätten in Erwägung ziehen können, daß in solchen Fällen, in denen *i* neben sonstigem *a* im Nominativ auftritt, oft auch Konsonantstämme vorkommen (und zwar jedenfalls immer dort, wo sich heute im Nominativ *i* findet), und insbesondere hätten auch die Fälle eine Erörterung verdient, in denen neben *a* in den cas. obliqu. im Nominativ *ø* auftritt.

§ 15. Dies bringt uns auf die bisherige Behandlung der Konsonantstämme. Als solche im allgemeinen sind diese nicht Gegenstand besonderen Interesses gewesen. Nur gewisse spezielle Fälle, die zum Teil sogar nicht einmal als Konsonant-nom. sg. und Casus obliqu.) und der dritten Person von Indikativ stämme betrachtet wurden, wurden in den Bereich der Erörterung gezogen.

Abgesehen davon, daß insbesondere Forscher, die sich mit der älteren finnischen Schriftsprache beschäftigten, das frühere häufige Vorkommen von Konsonantstämmen unter gleichzeitiger Registrierung einschlägiger Fälle erwähnen, z. B. Setälä in seiner Gemeinfinnischen Lautgeschichte (Yhteissuomen äännehistoria, im folgenden zitiert als **ÄH**), Ojansuu in seinem Buch über Agricolas Sprache (M. Agricolan kielestä, im folgenden zitiert als **Ak**) und in einigen Aufsätzen (z. B. Vir. 1917 S. 105ff.) und Rapola (u. a. in seinem Buch über Kollanius und in seiner Geschichte der finn. Schriftsprache [Suomen kirjakielen historia I, im folgenden zitiert als **SKH**]) wurde doch von diesen und anderen Forschern diese Tatsache nicht als irgendwie befremdlich und erklärungsbedürftig betrachtet, da man in solchen Fällen wohl einfach Beispiele der Kontamination zweier Stämme wie in den Fällen *paranen parata*, *punainen punaisen* u. ä. (vgl. Ojansuus Anführung solcher Parallelfälle zum *a* ~ *e*-Wechsel) sah und vor allem, weil die ganze Erscheinung vom rein „lexikalischen" Gesichtspunkt aufgefaßt wurde.

Wir wollen dagegen zunächst einmal die Konsonantstämme einer systematischen Betrachtung unterziehen, weil wir hoffen, damit auch die Frage des *a* ~ *e*-Wechsels sowie der übrigen genannten Vokalwechselfälle überhaupt näher beleuchten zu können.

2. Kapitel (§§ 16—49).

Das Auftreten der Konsonantstämme.

§ 16. Hier wäre zunächst zu konstatieren, daß Konsonantstämme sich nie vor einem nur aus Konsonanten bestehenden (alleinstehenden) Suffix finden, sondern nur vor silbischem, und zwar aus einem anlautenden Konsonanten und Vokal (nach welchem ein abschließender Konsonant auftreten kann) bestehenden Suffix.

Dieser Sachverhalt bringt uns ohne weiteres auf den Gedanken, daß das Vorkommen des Konsonantstammes irgendwie mit den lautlichen Verhältnissen in Zusammenhang stehen mag, daß also die Stämme, die in konsonantischer Form auftreten können, ebenso wie die Suffixe, vor denen sich Konsonantstamm findet, irgendwelchen lautlichen Bedingungen genügen müssen. Und tatsächlich können wir sehen, daß sich das Auftreten der konsonantstämmigen Formen am besten nach lautlichen Gesichtspunkten erfassen läßt. Wenn wir nun demgemäß im folgenden das Vorkommen der Konsonantstämme nach lautlichen Gesichtspunkten durchgehen werden, wollen wir damit vorderhand noch nichts darüber sagen, ob das Auftreten des Konsonantstammes allein durch die lautlichen Verhältnisse bedingt ist oder nicht, oder ob es außerdem von dem jeweiligen Stamm als solchem abhängt, mit anderen Worten: wir wollen die lautlichen Verhältnisse hier vorläufig nur als conditio sine qua non und nicht als Ursache schlechthin für das Auftreten des Konsonantstammes hinstellen. Der Konsonantstamm kann in den betreffenden Fällen, und zwar nur in ihnen auftreten, braucht dies aber nicht — was die jetzigen Verhältnisse anbelangt (über die ursprünglichen können wir erst weiter unten unsere Schlußfolgerungen ziehen).

§ 17. I. Konsonantstamm, und zwar bei unverändertem Stammes- wie Suffixkonsonanten, findet sich hier oder ist jedenfalls möglich, wenn

1. ein mit *t* resp. dessen schwacher Stufe *δ* oder *d* beginnendes silbisches Formans an einfaches *h*, *l*, *n*, *r*, *s*, *t*,
2. oder ein mit *n* beginnendes silbisches Formans an einfaches *h*, *n*,
3. oder ein mit *k* beginnendes silbisches Formans an einfaches *h*, *k*, *l*, *r*, *s*, *t* (letzteres dialektisch und außerhalb des Finnischen an *k* assimiliert),
4. oder ein mit *m* beginnendes silbisches Formans an *h*, *l*, *m*, *r*, *s*, *t* (?),
5. oder ein mit *p* (*v*) beginnendes silbisches Formans an *h*, *l*, *m*, *r*, *s*, *t* tritt.

§ 18. In Wirklichkeit treten nun freilich die besagten an sich möglichen Konsonanzen, wie gesagt, durchaus nicht bei allen jeweils in Frage kommenden Suffixen in vollem Umfange auf, und zwar erstens deshalb, weil die betreffenden Stammtypen nicht immer vertreten sind (siehe hierzu die jeweiligen Anmerkungen bei den einzelnen Beispielgruppen) oder zweitens deshalb, weil sich an der betreffenden Stelle (ob nun sekundär oder nicht, bleibe vorläufig unentschieden) Vokalstamm findet. Die folgenden Beispielgruppen werden das faktische Auftreten des Konsonantstammes im einzelnen illustrieren, wobei aber nicht nur die heutige Gemeinsprache, sondern auch ältere, wenn auch noch so seltene Formen, wie sie sich in der älteren Schriftsprache zeigen, sowie konsonantische Formen der sonstigen ostseefinnischen Sprachen berücksichtigt werden. Wo sich für die Belege keine besondere Quellenangabe findet, handelt es sich um Formen der heutigen Gemeinsprache (einschließlich neuerer Literatursprache).

§ 19. Beispiele zu 1. a) part. sg. der „*e*-Stämme“ mit *h*, *l*, *n*, *r*, *s*, *t* als letztem Konsonanten: *lohta*, *vuohta*, bei *h* nach hinteren Silben nur in der älteren Schriftsprache: *Einechte*, *Hamecht*, *hellecte*, *Honecta*, *imecte*, *murechta*, *Perechtes*, *taruechta*, *Teruechte*, *Walechta*, *wenecte*, *candelecta*, *Londocappalecta*, *Perkelecte* (Agricola nach Rapola, SKH S. 206); in der heutigen Gemeinsprache findet sich in diesen Fällen *tt* nach Analogie der Stämme mit *k* (s. u. § 36 sub III 1 *a β*); *tulta*, *tuulta*, *kannelta*; *sientä*, *huomenta*; *merta*, *vuorta*, *tannerta*; *kusta*, *kasta* von *kasi*, *kasen* (vgl. *kastaa*), *kuusta*, *miestä*, *rikasta*, *kirvestä*, *kallista*, *urosta*, *kuningasta*; *vettä*, *kevättä*.

Auch die Nomina mit *s* (nach *i*) als letztem Konsonanten, das aus (*ή*) *ć* entstanden ist, seien hier angeführt: *naista*, *punaista*.

§ **20.** b) gen. pl. (hier kommt selbstverständlich nur die ohne *i* gebildete Variante in Betracht) aller *e*-Stämme mit *h* und *s* als letztem Konsonanten sowie wohl auch der *e*-Stämme mit *l*, *n*, *r*, *t* nach zweiter Silbe (betreffs *a*-Stamm: *Jumalten* siehe sogl.): *lohten*, *vuohten*, bei *h* nach hinterer Silbe nur in der älteren Literatur: *honecten*, *orichten*, *taruechten*, *Walecten*, *cappalechten* (Agricola, nach Rapola SKH S. 206), in der heutigen Gemeinsprache findet sich in diesen Fällen *tt* nach Analogie der Stämme mit *k* (s. u. § 36 sub III 1 b *β*); — *kuusten*, *miesten*, *harrasten*, *kirvesten*, *kallisten*, *urosten*, *kuningasten*, *kevätten*, *nuccunutten* (Westh nach Rapola, SKH S. 146) (vgl. auch die Nomina mit *s* (nach *i*) als letztem Konsonanten, das aus (*ή*) *č* entstanden ist: *naisten*, *punaisten*); — *askelten*, *paimenten*, *tytärten*. — Wohl als Reste echt lautgesetzlicher Formen mit unassimilierter schwacher Stufe des *t* und nicht etwa als Formen mit sekundär restituierter schwacher Stufe (nach welchem Vorbild sollte wohl eine solche Wiedereinführung geschehen sein?) sind soche Formen bei Agricola anzusehen wie: *swrdhen cardhen*, während in *Tyterdhen* auf jeden Fall analogische Verallgemeinerung des *δ* gerade auf Grund der erstgenannten Formen vorliegt. Solche gen.-pl.-Formen wie *tulten*, *tuulten*, *sienten*, *merten*, *vuorten* sind bekanntlich zwar nicht lautgesetzlich; sie können aber trotzdem hier als Beispiele aufgeführt werden, da sie auf jeden Fall konsonantische Formen, solche mit schwacher Stufe von *t* (ob diese hier nun *δ* oder *d* war, spielt für uns keine Rolle), die entweder bereits assimiliert (vgl. *kiellen* 'kielten', *hwllens* 'huultensa' *piennen* 'pienten') (Agricola nach Rapola, SKH S. 132) oder noch nicht assimiliert (vgl. die eben genannten *swrdhen*, *cardhen* (Agricola nach Rapola, SKH S. 133, 129) war, voraussetzen. Die umgekehrte analogische Verallgemeinerung haben wir bei Formen wie *askelles* 'askeltesi' und dem eben genannten *Tyterdhen* (Agricola nach Rapola, SKH S. 133). Entsprechend ist *vetten* wohl sekundär für zu erwartendes **veten* eingetreten.

Bei diesen gen.-pl.-Formen ist nun vor allem auch die Form *Jumalten* als Form eines *a*-Stammes heranzuziehen.

§ **21.** c) Imperf. pass., part. praes. und praet. pass. der *e*-Verba mit *l*, *n*, *r* als letztem Konsonanten. Zu beachten ist, daß sich hier an sich möglicher Konsonantstamm erstens nicht von *h*-Stämmen und zweitens im allgemeinen auch nicht von *t*-Stämmen (vgl. z. B. *potea kutea*) findet, obwohl er bei letzteren, und zwar sonderbarerweise nur bei diesen (außer *seistä*, siehe sogleich) von *a*- resp. *ä*-Stämmen begegnet, und vor allem obwohl er hier auch von *e*-Verba, falls diese vorhergehende Konsonanz aufweisen (vgl. *tuntea*!), bekannt ist (vgl. aber auch *jalan systen*); von *s*-Stämmen dagegen haben außer den genannten Formen noch inf. I II und praes. pass. konsonantische Stämme. Besondere Erwähnung verdient hier der alte *a*-Stamm *seistä* (vgl. estn. *seisan*, estn. S. *saịsà* mit [*i*]*s* < [*ή*] *ć*). An sich mögliche Fälle mit *h* als letztem Konsonanten begegnen entweder nicht (soweit *e*-Stämme in Frage stehen) oder es wird Vokalstamm verwendet (*a*-Stämme, wobei aber zu beachten ist, daß im Passiv *e*-Stamm eintritt — siehe unten).

Was die Stämme mit *l*, *n*, *r* als letztem Konsonanten anbelangt, so ist bei ihnen im Inf. I II und pass. praes. im Finnischen nach erster Silbe schon früh der Suffixanlaut an den letzten Stammkonsonanten assimiliert worden. Bei *r* ist die Assimilation am spätesten erfolgt und gerade im Turkuer Dialekt, der für die ältere Schriftsprache so maßgebend war, ist sie überhaupt nicht eingetreten. Dieser Sachverhalt spiegelt sich denn auch in der alten Schriftsprache wieder, obwohl Belege gerade für die hier in Frage kommenden Formen (aber sehr wohl für andere Formen) in den Handbüchern kaum angeführt werden. Bei Rapola SKH S. 130 findet sich von Martti die Form *purdha*. Nach *l* dagegen war die Assimilation schon so zeitig durchgeführt, daß sich von der unassimilierten schwachen Stufe in den betreffenden Formen keine Niederschläge in der alten Schriftsprache mehr finden können. Solche Formen wie *cuulda* oder *cwlda* (Agric.) und *Cuulden* (Bibel 1642) erklären sich als Widerspiegelung sekundärer Bildungen mit *lt*, wie sie sich heute noch dialektisch finden (vgl. Rapola, SKH S. 131, Ojansuu, Ak S. 41/42). Man vergleiche auch bei Agricola Formen wie *cuulta*, *cwltahan*, *Cwlten*, *coolta*, *ylesnieltä* (Rapola, ebenda).

Von Stämmen mit *l*, *n*, *r* nach zweiter Silbe kommen bei Verben nur solche mit *l* in Frage, und von diesen finden sich jedenfalls im Finnischen nur Formen mit assimilierter schwacher Stufe.

tultiin tultu, *tuultiin*, *tuultu*, *suojeltiin*, *suojeltu*; *pantiin*, *pantu*; *purtiin*, *purtu*; *viertiin*, *vierty*; dagegen von *s*-Stämmen: *nousta nousten noustaan noustiin*, *noustu*, *kosta* (daneben *kosea*! für die anderen in Frage kommenden Formen kenne ich von diesem Verb keine Belege), *pestä*, *pesten*, *pestään*, *pestiin*, *pesty* (vgl. auch *lestä*

— neben *leseä* —), *katkaista katkaisten katkaistaan katkaistiin katkaistu*; *seistä*, *seisten*.

Von einschlägigen Flrmen von *a*- (resp. *ä*-)Verba mit *t* als letztem Konsonanten seien folgende angeführt, und zwar zunächst Formen von zweisilbigen Verba:

Aus der älteren Schriftsprache, vor allem von Agricola (nach Ojansuu, Ak S. 111, Rapola, SKH S. 146, Setälä, ÄH S. 390/92): *hwta* (lies: huuta), *tiete* (lies: tietä), *pyytä*, *kaata*; *hwten*, *tieten*, *souten*, *taiten*; *taitahan*, *löytän* (lies: löytään), *taithan*, *hutan* (lies: huutaan), *säätään*, *caatan* (lies: kaataan); *leuttin*, *leutty* (lies: löytty), *säätty*, *pyytty*, *vloscaattu*.

Aus dem Kalevala z. B. *pyytä*, *kaata*, *pyytessä*, *tietä*, *tiettihin*, *taiten*, *souten*, *löytty*.

Aus der heutigen Gemeinsprache: *tietenkin*, *jouten*, *tästä piten* (falls nicht < *pitäen*?), *tietty* (*tietysti*), *jalan syten*, *tiettävä*. Man beachte, daß es sich hier um solche allgemein gebrauchte isolierte Verbalformen handelt, die dem Systemzwang entzogen sind und in denen sich daher Altertümlichkeiten besonders gut behaupten konnten.

Aus heutigen Dialekten (SO-Satakunta, Süd-Pohjanmaa) *löyttiin* (*löyttihin*), *löytty*, *pyyttiin*, *pyytty* (Setälä, ÄH S. 391). [Vgl. auch *huuttaan* (bei Al. Kivi, Nummisuut.) hierzu aus Ala Satakunta u. Länsi Häme: *taįttān*, *tiḁ̂ttān*, *löû̯ttān*, Rapola SKH S. 146.]

Aus anderen ostseefinnischen Sprachen: weps. *vota* 'vuotaa', liv. *tietə* 'tietää', part. pass. *tietəb*, *tietət*; *lʊeu̯təb*, *lʊeu̯tət* vom praes. *liedab* 'löydän' ebenda, *löüta* Nweps. Ahlqv. Murt. S. 174, 27 (Nr. 10), vgl. auch Kettunen, Lõunaveps. H. Ajal. 32, 39: *leta* usw.; — *löû̯ta* 'löytää' Lyd. Sprachpr. 230_3, *l'òû̯t`a* id. 29_8 30_7 *l'òû̯t'ī* 'löydettiin' 28_4, estn. setuk. löüdä', tīdä' (= fi. löytää, tietää).

Am weitesten verbreitet und auch in der heutigen Gemeinsprache allein und ausschließlich herrschend sind die einschlägigen konsonantischen Formen von dreisilbigen Verba mit *t* als letztem Konsonanten: *tavata*, *tavaten*, *tavataan*, *tavattiin*, *tavattu* (über das Verhältnis dieses Verbaltyps zu dem Typ *katkaista*, soweit es den Auslautsvokal betrifft, wird noch gehandelt werden).

§ 22. d) 2. sg. des poss.-suff. bei Stämmen mit *h*, *s*, *t* (sowie *s* nach *i* < [*ή*] *ć*) als letztem Konsonanten (von Stämmen mit *l*, *n*, *r* als letztem Konsonanten finden sich, vielleicht nur zufällig, keine

Belege): vgl. folgende Formen aus der älteren Schriftsprache (Agric. nach Ojansuu, Ak S. 110, Rapola, SKH S. 106, Setälä, ÄH S. 56): *Sinun perechti*, *Laupiautti* (aber auch: *walkeusti*), *wihamiesti*, *sinun wertaist* (= sinun vertaisesi) (Agric. nach Ojansuu, Ak S. 110), vgl. hierzu auch die Polemik zwischen Kettunen und Mark, Vir. 1923, 1924.

§ 23. e) Nom. pl. (mit poss. suff. der 3. pers.) mit *h* und *s* als letztem Konsonanten, vgl. folgende Formen bei Agricola (nach Ojansuu, Ak S. 115): *Pämiestens*, *waldamiestens*, *Sinun Orhidhes* (lies: orhihδes). Die schwache Stufe des *t* ist hier natürlich nicht lautgesetzlich. Daß sich von Stämmen mit anderem Konsonanten (*l*, *n*, *r*, *t*) keine Belege finden, ist in Anbetracht der Seltenheit der Belege überhaupt nicht weiter verwunderlich.

§ 24. f) Obwohl wir im allgemeinen nur Flexionssuffixe betrachten, sei hier wenigstens auf folgende Verbaltypen verwiesen, die von Stämmen mit *h*, *l*, *n*, *r*, *s*, *t* als letztem Konsonanten abgeleitet sind: *tervehtiä*, *laihtua* (*h* < *s*), *huoltaa*, *ääntää*, *kiertää* (*saartaa*, *kaartaa*), *pestää*, *lestää* (neben *lesettää*), *kastaa* (von *kasi*, *kasen*), *täyttää*, *pyyttää* (dial., nach Setälä, ÄH S. 391).

§ 25. Beispiele zu 2. a) ess. sg. bei Stämmen mit *h* (hier in Frage kommende Belege mit unverändertem Stammes- wie Suffixkonsonanten nur bei *h* nach zweiter Silbe) und *n* als letztem Konsonanten: *tervehnä* (Agric. *teruehne*, *toorehnans*, Rap. SKH S. 207): *piennä*, *huomenna*.

b) Part. praet. act. bei Stämmen mit *n* als letztem Konsonanten: *pannut mennyt*.

An sich mögliche Fälle mit ursprünglichem *h* begegnen nicht (vgl. sub. 1 c).

c) Potential von Stämmen mit *n* als letztem Konsonanten: *pannee*, *mennee* (über *h*-Stämme siehe sub b).

d) Schließlich wäre hier noch folgendes Beispiel von der 1. sg. des poss.-suff. zu erwähnen: *Tytterni* (Agrivcola nach Ojansuu, Ak S. 111). Dieses Beispiel ist wohl sekundär; denn die Endung *ni* ist erst sekundär resp. bei *n* < *nn* auf jeden Fall Vokalstamm zu erwarten. Diese Sekundärität braucht aber nicht unbedingt eine relative Ursprünglichkeit auszuschließen und somit nicht gegen Ojansuus Bemerkung a. a. O. zu sprechen „se [muoto] voi hyvin olla vanhoja alkuperäisiä muotoja". Übrigens läßt ja auch Ojansuus Bemerkung gewisse Zweifel an der Ursprünglichkeit der Form erkennen.

Von konsonantstämmigen Formen der 1. sg. des poss.-suff. von Stämmen mit *h* oder *n* als letztem Konsonanten kenne ich keine Belege.

§ 26. Beispiele zu 3. Alle mit silbischem *k*-Suffix gebildeten Imperativ- und Optativformen von *e*-Stämmen mit *l*, *r*, *s* und von *a*-Stämmen mit *t* als letztem Konsonanten (vgl. 1 c): *tulkaa*, *ajatelkaa*; *purkaa*; *nouskaa*, *katkaiskaa*; *seiskää*, *noutcohon*, *Auxenhwtka* (Agric. nach Ojansuu, Ak S. 111), *tietket* Agric. nach Setälä, ÄH S. 390; *tietkäm*, *tietkät*, z. B. Bibel 1685 nach Setälä ebenda. (Über Assimilierung des *t* an *k* in finnischen Dialekten und demgemäß in der älteren finnischen Schriftsprache und in den ostseefinnischen Dialekten, siehe unten § 38 sub *γ*.)

An sich mögliche Fälle mit ursprünglichem *h* als letztem Stammkonsonanten begegnen nicht (vgl. sub 1 c und 2 b, c).

Beim negierten Imperativ kommt ebenso wie bei der bejahenden Form der 2. sg. opt. an sich nur schwache Stufe des Suffixanlauts *k* in Frage (außer nach *s*). Beim negierten Imperativ ist sie jedoch sekundär durch die starke Stufe ersetzt, so daß hier konsonantstämmige Formen von demselben angeführten Typ wie beim bejahenden Imperativ und Optativ (außer der 2. sg. opt.) vorkommen. In der 2. sg. opt. wiederum findet sich zwar schwache Stufe, aber in assimilierter Gestalt, so daß die betreffenden (übrigens aus der Sprache des Kalevala übernommenen) Formen erst weiter unten zur Behandlung kommen (vgl. § 35). Doch weist die ältere Schriftsprache, insbesondere Agricola, noch Formen mit regulärer schwacher, und zwar erwartungsgemäß unassimilierter schwacher Stufe sowohl im negativen Imperativ wie in der bejahenden 2. sg. opt. auf: *elkön olgho*, *elken tulgho* (Agric.), *ei olgo*, *älkön ålgå* (Ljungo), *Älkön olvo* (Hemminki), *Älkön olwo* (Florinus), sowie auch bejahend: *olgho sine* (Agric.), *tulvo* 'tullos' (Hemminki), vgl. *Minua läsnä tänapän olwo, Apus cans tykönäni olwo, coht catumus tehwö* (nach dem Vorbild Hemminkis noch in den Gesangbüchern des 18. und 19. Jahrhunderts). Die Grundformen lauteten **olγok*, **tulγok*, **tehvök* (resp. **tehγök*). Auch Agricolas Variante *olo* spiegelt die Variante **olγok* mit unassimiliertem *γ* wider. Übrigens weist auch Agricola analogische Verallgemeinerung der starken Stufe des *k* auf, aber nur im negativen Imperativ, nicht in der bejahenden 2. sg. opt.: *elken olco*, *elken tulco*, vgl. auch: *EL ket* . . . *pytkö*, wo ja die starke Stufe lautgesetzlich ist (siehe Ojansuu, Ak S. 43, 44, Rapola, SKH S. 111—112).

§ 27. Beispiele zu 4. a) Das Verbalnomen auf *-ma* von Stämmen mit *l*, *r* als letztem Konsonanten:

Bei Agricola solche Formen wie *aijattelman*, *ihmechtelmē* (nach Ojansuu, Ak S. 113); vgl. solche erstarrten Reste in der heutigen Gemeinsprache wie *surma* und die zahlreichen *lma*-Bildungen. Entsprechendes auch in der älteren estnischen Schriftsprache.

b) Vgl. auch folgende *-mus*-Bildung bei Agricola: *tottelmus* (nach Ojansuu ebenda S. 114), vgl. noch heute: *kaitselmus* 'Vorsehung'.

An sich mögliche entsprechende Bildungen von Stämmen mit *m* (*m*-Stämme fehlen), *s* und *t* (?) als letztem Konsonanten sind mir nicht bekannt, ebenso fehlen natürlich Belege von Stämmen mit *h* (vgl. 1c, 2b, c, 3, 5).

§ 28. Beispiele zu 5. part. prs. act. und 3. pl. prs. von Stämmen mit *l* als letztem Konsonanten:

Z. B. bei Agricola (nach Ojansuu, Ak S. 114): *rucowelpia*, *lemittelué*, *iooxendeluat*.

An sich mögliche entsprechende Formen von Stämmen mit *m*, *r*, *s*, *t* als letztem Konsonanten sind kaum belegbar (einschlägige *m*-Stämme kommen nicht vor); betreffs der Stämme mit *h* vgl. 1c, 2b, c, 3, 4.

Als äußerst wichtige Tatsache ist hier aber die ursprüngliche Bildungsweise der Nomina auf *-uus* zu verzeichnen. Diese gehen bekanntlich auf Zusammensetzung des jeweiligen Grundstammes mit *vuosi* resp. *vōtę̑-* zurück. Dieses *vuosi* kann nun nicht an den vokaligen Stamm, sondern nur an den Konsonantstamm angefügt worden sein, da sonst die heutige Vertretung Diphthong aufweisen resp. das *v* erhalten sein müßte (über die sekundäre Entstehung der Länge des *u* vgl. Rapola, Mém. Soc. Finn.-Ougr. LII 216—237). Wie hieraus hervorgeht, kann ich die von Rapola, SKH S. 245 angesetzte Grundform **nōre(v)ōtę* > **nōruδe* nicht für richtig ansehen. Dagegen hatte das Lappische tatsächlich von Anfang an Vokalstamm (z. B. heutiges Nlapp. *nuorravuotta* = fi. *nuoruus*. Doch wegen der oft abweichenden lautlichen Behandlung (Abschleifung) solcher zu Suffixen erstarrten zweiten Kompositionsglieder ist dieses Beispiel nicht ganz zuverlässig.

Falls der Komparativ tatsächlich das partic. praes. von Verba auf *-(e)n-* (vgl. Ramstedt, Vir. 1917) darstellt, hätten wir in ihm einen weiteren Beleg für Antritt von *p* an Konsonantstamm (vgl. auch unten).

§ 29. Wie schon die vorstehenden Beispielgruppen zeigen, rühren die konsonantstämmigen Formen durchaus nicht nur aus der heutigen finnischen Gemeinsprache her, sondern sie sind u. a. auch der älteren Schriftsprache entnommen, ja noch mehr: gerade in dieser finden sie sich in wesentlich größerem Umfange als in der heutigen Sprache. Es ist nämlich das deutlich ausgeprägte Streben der Sprache zu beobachten, die konsonantstämmigen Formen durch solche mit Vokalstamm zu ersetzen. Man denke nur in erster Linie an die zahlreichen konsonantstämmigen Essive der älteren Sprache (siehe auch im folgenden), von anderen konsonantstämmigen Formen, wie wir sie von Agricola anführten, ganz zu schweigen. Es ist unnötig, über diese genugsam bekannte Tatsache (vgl. auch Setälä bereits ÄH S. 390 und vor allem Thomsen noch früher in BFB S. 107ff.) hier weitere Worte zu verlieren.

§ 30. Das hohe Alter der Konsonantstämme wird aber ferner durch solche erstarrten Bildungen, wie *surma*, *vaikutelma*, und andere erst im folgenden zu erwähnende Formen bewiesen; denn es ist klar, daß diese Bildungen viel älter sind als die älteste Schriftsprache. Ja, sie gehen nachweislich in die gemeinfinnische Periode zurück.

§ 31. Dazu kommen aber noch Bildungen, die in doppelter Hinsicht ihr gemeinfinnisches Alter erweisen, nämlich erstens dadurch, daß sie Lautübergänge resp. Lautwechsel von Konsonanzen aufweisen, die mindestens in die gemeinfinnische resp. in die ihr nächstfolgende Periode verlegt werden müssen, und zweitens dadurch, daß sich die betreffenden Bildungen resp. Analoga derselben in allen ostseefinnischen Sprachen oder der Mehrzahl derselben faktisch vorfinden.

Mit den betreffenden Lautübergängen resp. Lautwechseln meinen wir allerhand konsonantische totale oder partielle Assimilationen. Ein Teil dieser Assimilationen mag jüngeren Datums sein, der weitaus größere Teil jedoch weist auf ein höheres Alter zurück.

§ 32. Wir nehmen zunächst solche Fälle, in denen die erste Komponente, d. i. der vom Wortstamm gestellte Anteil, nur aus einem Konsonanten besteht, und hier wiederum zuerst die Fälle, in denen eine Assimilation der zweiten Komponente, also des Suffixanlauts, an die erste Komponente, also den letzten Stammkonsonanten, stattgefunden hat. Dabei wollen wir nun keinesfalls behaupten, daß der letzte Stammkonsonant in diesem Falle, d. h. direkt vor dem Suffixkonsonanten, überhaupt jemals in gleicher Gestalt aufgetreten wäre wie vor dem „Themavokal". Es konnte hier von Anfang an z. B. Stufenwechsel vorgelegen haben, ja, dies ist sogar wahrscheinlich (Näheres hierzu, vor allem Beispiele, siehe im weiteren Verlaufe). Daher sprachen wir von Lautübergängen resp. Lautwechsel und nicht von Lautwandel.

§ 33. II. 1. Hier kommt zunächst die schwache Stufe von *t* in Frage, wie sie sich im inf. I, II und pass. praes. findet, die an vorausgehendes *l*, *n*, *r* assimiliert ist: *tulla*, *tullen*, *tullaan*, *suojella*, *suojellen*, *suojellaan*; *panna*, *pannen*, *pannaan* — bei dreisilbigen *n*(*e*)-Stämmen wie *kykenen* u. a. ist bekanntlich Vermengung mit *nt*(*e*)-Stämmen eingetreten (zum Teil liegt wohl auch Analogie nach dem Typ *temmata* vor), und zwar gerade u. a. in den hier in Frage kommenden Formen: *kyetä* < **kyγentäk* (= *kyγentδäk*), *kyeten*, *kyetään*, *purra*, *purren*, *purraan*. Diese letztere Assimilation ist in gewissen Dialekten, z. B. im Turkuer, und demgemäß in der alten Schriftsprache noch nicht restlos verwirklicht, vgl. bei Martti: *purdha* (ebenso bei Ljungo Tuomaanpoika) nach Setälä ÄH S. 30, siehe auch Ojansuu, Ak S. 42 sowie ders., Suom. Loun. Murt. Ä. S. 39—40.

§ 34. 2. Suffixales *n* findet sich assimiliert an die Stammkonsonanten *l*, *r*, *s* (einschließlich *s* < *ć*) in den oben genannten drei Formengruppen.

a) Ess. sg. *silmepoolla*, *Kesipoola*, *minun poolla peijweneni* (sämtlich bei Agricola nach Ojansuu, Ak S. 109 unten), vgl. auch in der Runensprache: *ei uo tällä puolellakaan*, *tällä puolla rantasella* (Paraske bei Salminen, Suom. Muin. Hist.); nach Ojansuu, ebenda, kommt *puolla* heute nur als Postpos., und zwar nur in der poet. Sprache vor; vgl. ferner solche uralte Essive wie *alla*, *yllä*, *päällä* und vor allem die Adessivendung *lla*, die bekanntlich aus der Kombination der Endung *-na* mit einem Derivativformans *l* entstanden ist. — *Suurra*, *nuorra* (Kal.; vgl. Setälä, Kielioppi[9] S. 27 § 38 sowie ÄH S. 410 § 256), man vergleiche damit jedoch *swrna* (Agric. nach Ojansuu, Ak S. 110 ob.) sowie Wörter wie *kuurna*, *kaarna* usw. (siehe Näheres über diese Frage Kalima, FUF XVI). Wir führen diesen Typ hier an, weil, soweit noch heute einschlägige konsonantstämmige Formen vorhanden sind, die assimilierte Form jedenfalls die häufigere ist, mag sie auch nicht nur sekundär, sondern geradezu lautgesetzwidrig (analogisch) sein. —

autuassa, *Kuningassa*, *callissa*, *ensimeisse*, *iloissa* (sämtlich bei Agricola nach Ojansuu, Ak S. 108), vgl. vor allem die heute noch üblichen oder jedenfalls bekannten Essive *toissa*, kar. *toissa*, olon. *tossu*, weps. *toš* in *toissa päivänä*, *vuonna* usw., und *lässä*, und schließlich die Inessivendung, die aus der Kombination der Endung *na* mit einem Derivationselement *s* entstanden ist. Rapola SKH S. 193/94 nimmt mit anderen Forschern im Hinblick auf entgegenstehende Einzelfälle, z. B. fi. *käsnä* (dem noch die metathetische Nebenform *känsä* zuzufügen wäre), estn. *käsn*, wot. *tšäznä*, weps. *käzn* an, daß die betreffende Assimilation vielleicht gewissen Einschränkungen unterworfen war (vgl. auch die südösterbottnische sowie südestnische Inessivformen). Vergleiche aber auch regelrechtes *kässä* nebst Ableitungen. Außerdem darf man sich auf die *sn* aufweisenden Potential- und part.-praet.-act. Formen, wie sie sich sowohl in der älteren Literatur als in den Dialekten und in der heutigen Gemeinsprache (vgl. insbesondere *läsnä*) finden, bei Annahme von beschränkter Geltung der Assimilation des *n* an voraufgehendes *s* nicht berufen (wie dies auch Rapola wohl nicht im Sinne hat), da hier natürlich zum mindesten oft, wenn nicht gar durchgängig, analogische Restituierung des *n* vorliegt (vgl. die sicher sekundären, heute allgemein üblichen vokalstämmigen Formen). Auch diesen Typ führen wir an dieser Stelle ohne Rücksicht darauf an, ob er nun lautgesetzlich oder analogisch entstanden ist, weil die heute vertretenen unassimilierten Formen seltener sind und zum Teil sicher durch sekundäre Analogie wiederhergestellte ursprüngliche Formen sind.

b) Part. praeter. act. *tullut*, *kuullut*, *suojellut*; *purrut*, *vierryt*; *pessyt*, *noussut*, *halkaissut*, ganz besonders erwähnenswert ist hier der alte *a*-Stamm *seisa-* (resp. *seisä-*) mit (*i*)*s* < (*ŋ́*)*č́*: *seissyt* (siehe oben § 21 1. Absatz).

c) Potent. *tullee*, *kuullee*, *suojellee*; *purree*, *vierree*; *pessee*, *noussee*, *halkaissee*.

§ 35. 3. Die schwache Stufe von *k* wird an vorangehendes *n*, *r*, *t* assimiliert. Auch an *l* findet sie sich in den einschlägigen Formen assimiliert. Doch ist diese Vertretung lautgesetzwidrig (vgl. regelrecht *sulka* : *sulan*) und wohl dadurch bedingt, daß die betreffenden Formen aus dem Karelischen übernommen sind (vgl. oben § 26). Hier kommt nur die 2. sg. opt. in Frage (man beachte auch den *a*-Stamm): *tullos*, *mennös*, *purros*, *ollos*, *ällös*. *m*-Stämme, bei denen ebenfalls Assimilation des γ an das *m* stattfinden müßte, kommen nicht vor, von *s*-Stämmen wiederum keine entsprechenden Formen, weder vokal- noch konsonantstämmige, bekannt.

Von 4. und 5. liegen keine entsprechenden Assimilationsfälle vor, was nicht weiter verwunderlich ist, da selbst solche Fälle, in denen keine Assimilation stattfand, äußerst selten sind. Über solche Fälle der suffigierten Deklination wie *kirjani* < **kirjanmi*, *kirjanne* < **kirjanmek* siehe sogleich § 36 gegen Ende.

§ 36. III. Auch partielle oder totale Assimilation des letzten Stammkonsonaten an den Suffixanlaut findet sich in zahlreichen Fällen:

1. vor *t* resp. dessen schwacher Stufe

a) part. sg.

α) statt *mt* : *nt*: *lunta*, *nientä*, früher auch *Suonta* statt heutigem *Suomea*, *sydäntä*; bei dreisilbigen *a*-Stämmen: *lämmintä*, *vasenta*, *suurinta*, *tavatonta* usw. (bereits gemeinfinnisch, vgl. Setälä, ÄH S. 396).

β) Statt *kt* : *tt* (nach hinteren Silben): *estettä* < **estektä* (kaum < **este'tä*, wie Setälä, Temp.- u. Mod.-Bildung S. 53 will; vgl. dagegen ÄH S. 206 **kastekta*, **lounakta*, sowie z. B. Rapola, SKH S. 149); für *k* nach erster Silbe keine einschlägigen konsonantstämmigen Belege (vgl. *tukea* < **tukeða* part. sg. vom Stamm *tuk*[*e*] oder *jokea*, *lakea*, *hikeä* usw.), obwohl hier sicher einmal solche vorhanden waren, wobei *kt* resp. *γt* > *ht*, vgl. sub c α sowie *yhtä*, *kahta*, *lahta*, vor allem auch *yhdeksän*, *kahdeksan* (siehe unten § 52). Was übrigens die beiden letztgenannten Worte anbelangt, so kann zum mindesten *kahdeksan*, da dessen erster Bestandteil ursprünglich Vokalstamm auf *-a* hatte, nur mit dem Konsonantstamm zusammengesetzt sein, so daß die Zerlegung in *kaht* und *deksan* zu Recht besteht, ganz gleich, wie man nun dieses *deksan*, speziell sein *ks*, erklären will.

Sekundär analogisch nach diesem Übergang wurde *ht* durch *tt* ersetzt: statt regelrechtem *huonehta* heißt es also *huonetta* usw. (vgl. aber die oben § 19 aus der alten Schriftsprache angeführten einschlägigen Formen).

b) Gen. pl.

α) statt *mt* : *nt*: *lienten*, *sydänten*, *lämminten*, *suurinten*, *onnetonten* (darüber, daß jedenfalls *lienten*, wohl auch *onnetonten*, nicht völlig lautgesetzlich ist, siehe oben § 20).

β) Statt *kt* : *tt* (nach hinteren Silben): *estetten*, danach sekundär (siehe α, β) *huonetten* statt *huonehten* (vgl. aber die oben § 20 aus der alten Schriftsprache angeführten einschlägigen Formen), übrigens hätte *estetten* und somit auch *huonetten* in **esteten*, resp. **huoneten* übergehen müssen, die Formen mit *tt* sind wohl sekundär (vgl. § 20, Ende, über *vetten* sowie unten zum Passiv).

Für *k* nach erster Silbe, wo *kt* hätte in *ht* übergehen müssen, finden sich keine einschlägigen Belege (siehe sub α, β).

c) Inf. I II pass. prs. imperf. part. pass. praet.

α) Statt *kt* (resp. *kd*) : *ht* (resp. *hd*) (nach erster Silbe; für *k* nach zweiter Silbe, das in diesem Falle an *t* assimiliert worden wäre, wie dies übrigens in gewissen ostseefinnischen Dialekten [Südestn., Wotisch] nach erster Silbe geschehen ist — siehe sogleich —, finden sich keine einschlägigen Beispiele): *tehdä, nähdä, tehden, nähden, tehdään, nähdään, tehtiin, nähtiin, tehty, nähty.* Vgl. dagegen westwotisch *nätä, nätässä, nättī, nättü* (Kettunen VÄH² S. 65), südestnisch *nättä*', *tettä*' (Kettunen EÄH² S. 70), *tetti* usw.

Übrigens ist diese Vertretung nur bei diesen beiden Verbalstämmen zu finden (vgl. sonst *tukea, hakea, lukea, pukea* usw.). Daß Konsonantstamm aber ursprünglich zum mindesten häufiger gewesen sein dürfte, legt außer solchen Beispielen wie lüd. *lähtä* westwot. *lätä* usw. (s. u. § 43 sub c ζ) sowie *kahta, yhtä* usw. vor allem auch der Umstand nahe, daß gerade *tehdä, nähdä* äußerst häufig gebrauchte Verba sind, bei welcher Art von Wörtern sich Altertümlichkeiten auch nach den Erfahrungen auf dem Gebiete anderer Sprachen besonders lange behaupten (vgl. auch sub 1 a β, vgl. ferner § 45 über die Wichtigkeit der Frequenz).

d) Poss. suff. 2. sg.

α) Statt *mt* : *nt*, z. B. *sinun rackalinen Sydhendi* (Agric. nach Ojansuu, Ak S. 110).

e) 2. pl. praes.

Obwohl es sich hier nicht um ein Zusammentreffen von Stammkonsonant und Suffixkonsonant, sondern um das zweier Suffixkonsonanten, nämlich des Präsenszeichens *k* und des Personalsuffixes *t*(*ek*) handelt, sei dieser Fall hier erwähnt, nicht nur weil ein Tempusstamm ja schließlich auch als besonderer Stamm aufgefaßt werden kann, sondern vor allem deshalb, weil der Präsensstamm wie alle hier behandelten Stämme in doppelter Gestalt, als Vokalstamm (*-ka-*, s. u.), sowie als Konsonantstamm, auftritt und daher durchaus in diesen Zusammenhang gehört (dieser Punkt ist besonders wichtig. So konnten [oben § 33, 35] solche Assimilationsfälle aus der suffigierten Deklination wie *kirjanne* < **kirjanδek* resp. **kirjandek* eig. 'eure Bücher', *kirjani* < **kirjanni* < **kirjanmi* eig. 'meine Bücher' und dial. *kirjanne* < **kirjanmek* eig. 'unsere Bücher' deshalb nicht erwähnt werden, da das die Mehrzahl des Besitzes anzeigende Formans *n* keine parallele vokalische Variante, sei diese nun *na* oder *ne* [*ni*], aufweist), und weil gerade dieses Beispiel für ein besonders hohes Alter der konsonantstämmigen Formen zeugt:

lyötte < **lŏktek* (oder < **lŏγtek*).

f) Abgeleitete Verba.

α) Statt *mt* : *nt* : *tointua* (von *toim*[*e*] — im Sinne von 'Vernunft, Bewußtsein').

§ 37. 2. Vor *n*.

a) Ess. sg.

α) Statt *mn* : *nn* : *wijatoina*, *saastatoina*, *nuchtetoina*, *alastoinna* (Agric.), *syytöinä* (Hemminki) nach Ojansuu, Ak S. 109 und Rapola, SKH S. 211.

β) Statt *kn* : *nn*: nach hinterer Silbe, obzwar nicht belegt, so doch hier sicher erschließbar auf Grund einer Form wie *teruenne* (Agric. nach Ojansuu, Ak S. 109), die statt des regelrechten *tervehnä* nur analogisch nach derartigen Formen wie **kastenna* usw. genau so wie *huonetta* (statt *huonehta*) nach *kastetta* entstehen konnte (vgl. Ojansuu, Ak S. 109).

Einschlägige konsonantstämmige Formen für Stämme mit *k* nach erster Silbe finden sich nicht. Regelrecht wäre wohl Vokalisierung des *k* in diesem Falle, vgl. unten *ūnä* ess. sg. von *yksi* (neben nicht lautgesetzmäßigem *ynnä*) sowie estn. *näinud*, *teinud*, auch *läinud*.

γ) Statt *tn* : *nn*: *uunna vuonna*, *täynnä*, *kevännä*, sowie ältere Schriftsprache und dialekt. ess. sg. des part. praet. act. *kuollunna* (Kollanius: *cuolunna*); ältere Schriftsprache: *tonna* (auch dial., z. B. Loppi), *Cwcaunna*, *Totwnna* (alle drei bei Agric. nach Ojansuu, Ak S. 109). Dialektisch

z. B. *sunna* (Schriftspr. *sutena*) in dem Sprichwort: ole miesnä miesten kanssa, sunna koirien seassa, vgl. auch weps. *tänävon*, von Kettunen freilich nur zögernd aus **tänä vōnna* erklärt (LVHA I. S. 89 § 177), sowie im Wotischen. (Aus der Wortbildung für diese Lauterscheinung die bekanntesten Beispiele: **litna* > *linna*, **pytnä* > *pynnä*); aber selbstverständlich sollen diese Beispiele nicht als Beispiele für Konsonantstämme gelten, da ja keine parallelen vokalstämmigen Formen beizubringen sind (siehe im vorstehenden § 36).

b) Part. praet. act.

α) *m* kommt nicht vor.

β) nach erster Silbe statt *kn* 1. *u̯n* (resp. *ü̯n*), 2. *nn*. Ersteres ist zwar lediglich erschließbar, aber das mit Sicherheit, auf Grund solcher estnischen Formen wie *näinud*, *teinud* und — rein lautlich (siehe soeben unter 2a γ) — selbstverständlich auch solcher Wörter wie *siunata*, *vaunu*, *uuni* usw. Die zweite Vertretung haben wir in den südestn. Formen *nännü'*, *teňnü'*. Die schon in der alten finnischen Schriftsprache üblichen Formen *nähnyt*, *tehnyt* (auch karelisch, wepsisch, nordostestnisch *-hn-*) sind bekanntlich analogisch auf Grund von Formen wie *nähty*, *tehty*, *nähdä*, *tehdä* entstanden. Jedenfalls beweisen auch sie ihrerseits, daß sich auch im Part. praet. act. Konsonantstamm fand. Bei anderen Verben wie *tukea* usw. ist freilich nicht einmal diese unregelmäßige konsonantstämmige Form belegt (genau so, wie ja auch im Inf. usw. sich bei diesen Verben Vokalstamm findet), aber die allgemeine Verbreitung des Konsonantstammes gerade bei so viel gebrauchten Verben wie *nähdä* und *tehdä* zeugt jedenfalls für dessen hohes Alter und wohl auch ursprüngliches Vorhandensein desselben bei den sonstigen gleichartigen Verben (siehe oben § 36).

Nach hinteren Silben kommt hier *k* natürlich nicht in Frage.

γ) Statt *tn* : *nn*: nur bei *a*-Stämmen (vgl. oben § 21), und zwar besonders in der alten Schriftsprache: *tienyt* (Juusten), *taijnuet* (Agricola), *nounuet* ('noutaneet', Agric.), *säänut* (Westh.), *leunyt* (Juusten), *pyynyt* (Agric.) (vgl. Rapola, SKH S. 209, Ojansuu, Ak S. 111), vgl. auch Kalevala: *pyynnyt*, *löynnyt*, *kaannut*, *sounnut*, *siennyt*, *säännyt* (vgl. auch wepsisch: *vonu* 'vuotanut' Setälä, ÄH S. 391), sowie auch in anderen ostseefinnischen Sprachen (selten auch im Estnischen) und in der heutigen finnischen Gemeinsprache: *tiennyt, tainnut.*

Vor allem sind aber in der heutigen Gemeinsprache von Verba mit *t* nach zweiter und überhaupt hinterer Silbe ausschließlich konsonantstämmige Formen mit *t* > *n* üblich: *tavannut* usw.

c) Pot.

Hier gilt dasselbe wie vom part. praet. act., so daß nur einige Formen angeführt seien: *nähnee, tehnee, tiennee* usw., vor allem aber *tavannee* usw.

d) Poss. suff. 1. sg., 2. pl., 3. sg.

Ojansuu, Ak S. 110/11 führt von Agricola solche Beispiele als konsonantstämmig an wie *oijkeuni pälle, teidhen walkeun, ia henen pituuns ia lauiuns ia corkiūs.* In diesen Beispielen wäre demnach eine Assimilation von der hier zur Erörterung stehenden Art, nämlich des Stammkonsonanten *t* (resp. *δ*) an den Suffixanlaut *n* erfolgt. Jedoch betrachtet Ojansuu diese Formen irrtümlich (übrigens auch selbst zögernd) als konsonantstämmig; denn das *u* (resp. *uu*!) gibt den durch Ausfall des *δ* (der zunächst nach unbetonter Silbe erfolgte und dann analogisch nach nebenbetonter Silbe eintrat) entstandenen kontrahierten Vokal wieder (vgl. Rapola, SKH S. 167/69). Außerdem wäre schon wegen des doppelten Suffixanlautes zum mindesten in der 3. sg. pl. und 2. pl. nicht Konsonantstamm zu erwarten (vgl. auch oben § 25 sub I 2d).

Nebenbei sei hier gleichzeitig erwähnt, daß natürlich auch solche Formen wie *oikeulla, heickowstam* (el.) keinesfalls als konsonantstämmig betrachtet werden können, vgl. auch wotisch *koi̯rūлла* < **koi̯ruδe̮lla* (oder < **koi̯rūδe̮lla* ?), *nōrūssa* < **nōruδe̮ssa* (resp. **nōrūδe̮ssa* ?), *pēnūssä* vgl. fi. *pienuudesta, te̮tūllīn* < **totuδe̮llinen̮*; besonders instruktiv aber ist eine Form wie *лai̯skūkā* < *lai̯skuδe̮n kanssa*, bei der ja konsonantstämmige Deutung von vornherein ausgeschlossen ist.

§ 38. 3. Vor *k* resp. *γ*.

Hier kommt nur der Imperativ resp. Optativ in Frage.

α) Statt *nk* : *ŋk* : *pankaa* (gesprochen: *paŋkā*). Statt *mk* : *ŋk* (vgl. *kenkä* < *kemkä*, Setälä, AH S. 396), jedoch da es keine entsprechenden Verba gibt, kein einschlägiges Beispiel.

β) *k* analogisch nach *tehdä, nähdä* durch *h* ersetzt: *nähkää, tehkää* (vgl. wepsisch sogar *nähmha, tehmha* = fi. näkemään, tekemään Kettunen, LVHA!) statt zu erwartendem **näkkää*, **tekkää*, wie sich denn auch *kk* im Kar. (vgl. oben § 26 sowie Setälä, ÄH S. 150) sowie im Südestn., Setuk.: *teǩkè*, *läǩki* (letzteres im Estnischen weit verbreitet) findet. Jedenfalls zeugen aber solche vielgebrauchten Bildungen wie *tehkää*, *nähkää* für alten Konsonantstamm dieses Verbaltyps mit *k* nach erster Silbe in diesen Formen (sekundär dagegen *lukekaa*, *hakekaa* usw.). — *k* nach zweiter oder hinterer Silbe findet sich nicht (s. o. § 36 sub III 1 c α).

γ) Statt *tk* : *kk* (in zahlreichen Dialekten des SW., von Satakunta, Häme, Österbotten sowie in den übrigen ostseefinnischen Sprachen: *kerskakan*, *riemucat*, *Paiskacat* usw. (Agricola nach Rapola, SKH S. 178).

Vgl. kar. *tahokkoh*, olon. *kirvokkoh*, weps. *k'erakat*, estn. *tõmmake* 'temmatkaa'. *m*-Stämme, bei denen ebenfalls partielle Assimilation des *m* an *k* stattfinden müßte, kommen nicht vor.

§ 39. 4. Vor *m*.

Von dem Suffix *-ma* (und *-mus*) sind mir keine Assimilationsfälle bekannt. Von einschlägigen *k*- und *m*-Stämmen nur vokalische Formen in Gebrauch, ebenso von den *t*-Stämmen (falls überhaupt hierher gehörig), d. h. falls *t* an *m* total oder partiell assimiliert worden wäre, was sich bei dem völligen Fehlen einschlägiger konsonantstämmiger Formen wie sonstiger *tm*- resp. *δm*-Fälle überhaupt schwer entscheiden läßt (vgl. aber *mämmi* < **mätmi*. Setälä, FUF XIII S. 312/14; vgl. andererseits *Loimaa* zu *lodma*, ebenda, sowie ÄH S. 158; ferner kar. *lidma* 'Schleim' (nach Setälä schwache Stufe); fi. *limma* 'lemna polyrrhiza, FUF XIII, S. 314 (nach Setälä starke Stufe) (vgl. auch unten § 47).

Aber ein sehr altes Beispiel liefert hier die 1. pl. praes. (vgl. das zur 2. pl. praes. § 36 sub III 1 e Gesagte!): *lyömme* < **lŏkmek*.

§ 40. 5. Vor *p* (resp. *v*).

Von *k*- und *n*-Stämmen, bei denen an sich konsonantstämmige Formen unter Assimilation des *k*- resp. *n* möglich wären, sind nur vokalstämmige Formen in Gebrauch.

§ 41. IV. Von besonderer Wichtigkeit sind jedoch die Fälle, in denen Stämme auf mehrere Konsonanten das Suffix an den Konsonantstamm antreten lassen. In diesen Fällen ist meist, wenn auch nicht immer, eine „Erleichterung" der Konsonanz entweder in der Weise eingetreten, daß die Stammkonsonanten am Silbenende vor dem Suffixkonsonanten in gleicher Weise wie am Wortende vereinfacht oder an den suffixalen konsonantischen Anlaut assimiliert sind.

Es kommen hier vor allem folgende Stammkonsonanten in Frage (in alphabetischer Reihenfolge, nicht nach der Wichtigkeit geordnet):

α) ks, β) ns, γ) ps, δ) ts, ε) ht (< št), ζ) kt, η) lt, ϑ) nt, ι) rt, ϰ) tt.

Von Suffixen kommen nur mit *t* (resp. *δ*), *n* und *k* anlautende, also nur die Gruppen 1 bis 3 in Frage.

§ 42. 1. Vor *t* resp. *δ*.

a) Part. sg.

α) Statt *kst* : *st* : *usta* (Stamm: *uks*[e̯]-), *hiusta* (St. *hiuks*[e̯]-), *susta* (St. *suks*[e̯]-); *sormusta* (St. *sormuks*[e̯]-), *opetusta* (St. *opetuks*[e̯]-), *aidasta* (St. *aidaks*[e̯]-), *ilvestä* (St. *ilveks*[e]-), *aatosta* (St. *aatoks*[e̯]-), *jänistä* (St. *jäniks*[e]-).

β) *ns* kein einschlägiges Beispiel.

γ) Statt *pst*: *st*: *lasta* (St. *laps*[e̯]-), *kystä* (St. *kyps*[e]-) oder *kyps*[ä]-).

δ) Statt *tst*: *st*: *veistä* (St. *veits*[e]-), *peistä* (St. *peits*[e]-), auch *jousta* (St. *jou*[*t*]*s*[e̯]-).

ε) *ht* (< *št*) nur vokalstämmige Formen wie *lehteä* (< **lehtedä*), *tähteä* (< *tähteδä*) bekannt. Man beachte aber: *tähtää*.

ζ) Statt *ktt* : *ht*: *yhtä*, *kahta*, *lahta*, *haahta*, *vyyhtä* (St. **ykt*[e]-, **kakt*[e̯]-, **lakt*[e̯]-, **haakt*[e̯], **vyykt*[e]-). Die Altertümlichkeit dieses Lautwandels und gleichzeitig des Konsonantstammes wird durch Wörter wie *yhdeksän*, *kahdeksan* erwiesen.

η) *lt* blieb erhalten: *jälttä*.

ϑ) Statt *ntt* : *tt*: *kolmatta*, *tuhatta* (St. *kolmant*[e̯]-, *tuhant*[e̯]-); so aber nur nach hinteren Silben, nach erster Silbe findet sich *ntt*: *kantta*, *länttä*, *kynttä* usw. (St. *kant*[e̯]-, *länt*[e]-, *kynt*[e]-) mit zweifellos sekundär restitutiertem *n*: vgl. *katto* < *kant-to* (vgl. Setälä, ÄH S. 387, Toivonen, FUF XIX).

ι) *rt* blieb erhalten: *vartta*, *virttä* usw. (St. *vart*[e̯]-, *virt*[e]-).

ϰ) *tt* kein Beleg.

b) Gen. pl.

Dieselben Fälle wie sub a. Freilich wird bei einigen Stämmen (z. B. denen mit *-nt-*) der gen. pl. mit doppeltem Pluralzeichen *i* und *t* dem mit bloßem *t* vorgezogen.

§ **43.** c) Inf. I II, pass. praes. et imperf., part. praet. pass.

α) Statt *kst* : *st*: *juosta, juosten, juostaan, juostiin, juostu* (*piestä, syöstä*, daneben aber auch: *pieksää, syöksää*, sowie neben *juosta* zwar nicht *juoksaa*, aber nach Lönnr. WB doch solche Bildungen wie *juoksettaa, juoksahtaa, juoksella, juoksaista, juoksauttaa*).

β) *ns*: kein Beleg.

γ) *ps*: kein Beleg (*e*-Stämme nicht vorhanden, von *ä*-Stämmen werden z. B. *kypsää, lypsää* vokalstämmig flektiert).

δ) *ts*: statt der regelrechten Vertretung (statt *tst* : *st*, siehe oben) findet sich hier analogische (und zwar auf Grund der kontrahierten Verba erfolgte) Ersetzung des *s* durch *t*, also haben wir in den einschlägigen Formen *tt* resp. (in schwacher Stufe) *t*: *valita, valiten, valitaan, valittiin, valittu* (St. *valits*[e̯]-) usw., aber auch nach der ersten Silbe findet sich in einem Falle diese analogische Substituierung, wohl erst auf Grund der überwiegend zahlreichen Fälle mit *ts* nach zweiter und hinterer Silbe überhaupt: *kaita, kaiten* usw. Daß es sich hier tatsächlich um eine analogische Substituierung handelt, zeigen solche Bildungen wie *suistaa, veistää* (vgl. Setälä, ÄH S. 194/95, der nur zögernd obige Erklärung gibt; Ojansuu, Suom. Tiede-Ak. Esit. ja Pöytäk. 1919 [1920] S. 84, der nur von Kontamination spricht und dabei sonderbarerweise nur *kaita*, nicht aber die Stämme mit *ts* nach zweiter Silbe anführt), *maistaa* < **maitstaδak* (?) (vgl. estn. *maitse*-).

ε) *ht* (< *št*): *tähden*, falls es inf. II von tähtää und nicht instr. sg. von *tähti* ist. Letzteres ist wegen der Konstruktionsweise (mit gen. und nicht mit part.) wahrscheinlicher.

ζ) Statt *ktt* : *ht*: Daß jedenfalls das hier in Frage kommende *lähteä* ursprünglich konsonantstämmig war und die fragliche Konsonanz in der genannten Weise behandelt wurde, ist aus dem lüdischen: *lähtä* (Lyyd. Kielennäytt. 29_7), *lähtåu* 'lähdetään' (ebenda 28_8), *lähtī* 'lähdettiin' (ebenda 230_3) ersichtlich. Wie zu erwarten, zeigt das Westwotische *tt* (resp. *t*) < *ktt*: westwot. *lätä, lätässä, lättī* (Kettunen, VÄHS. 65 § 130). Beachte auch *lähtään* bei Aho, Sasu Punanen (1912, S. 6), eine in der Umgangssprache allgemein übliche Form, die auf entsprechende dialektische Formen schließen läßt. Sehr wohl möglich ist hier aber auch Haplologie bei diesem so häufigen Ausdruck.

η) *lt* blieb vor *t* erhalten, also *ltt* (resp. [in schwacher Stufe] *lt*): aus der alten Schriftsprache: *kielden* 'kielletään', *poiskieltu* (= kieltty), *vskalta* (lies: uskalta statt heutigem uskaltaa), *wscalten*, *sisellepuhalten*, (*sinun siselle*) *puhaltes*, *poissiualtu*, *poissiualtaman* (Agricola nach Ojansuu, Ak S. 112).

Aus anderen ostseefinnischen Sprachen: weps. *śidaлta* 'sidaltaa', pass. *śidaлtas*, *k'el'ta* (*k'el't'a*) 'kieltää', pass. *k'eltas* — Setälä, ÄH S. 391, Beispiele, die sich aus späteren Texten reichlich vermehren ließen — estn. *keeldakse*, inf. *keelda* u. a. (Man beachte: *a*- resp. *ä*-Stämme!)

ϑ) Statt *ntt* : *tt* resp. (in schwacher Stufe) *t*:

Ältere Schriftsprache: *kiete* oder *käte* (lies: käätä, heute kääntää), *poiskietä* (inf.), *kiäten* oder *käätän* (pass.), *kietty*, *poiskietut*, *leten* (= lentäen), *yleten* (pass. = ylennetään), *ylettämē* (ylennettämään), *yletty*, *ylesoiettu*, *tuttijn* (= tunnettiin), *tuttaman*, *tuttamatoin*, *erawta*, *Hapatut*, *cohetaijsijn*, *raketa*, *rakettu*, *cowettu*, *parata* (= parantaa), *parattu* (= parannettu) (Agricola nach Ojansuu, Ak S. 113, Setälä, ÄH S. 389), vgl. auch estn. *parata*.

Kalevala: *kääten* (= kääntäen), *väätä* 'vääntää', *letä*, *leten*, *käätty*, *rakettu*, *kuumettihin*.

Dialektisch (westfinnisch): *väätty*, *käätty*, *rakettu*, *parataan*, *yletään*, *aletaan* (nach Setälä, ÄH S. 389).

Heutige Gemeinsprache: *tuttu*, *tuttava*, *tuta*, *rakettu* u. ä., und vor allem der Typ: *parata* < **paran̆tak*.

Andere ostseefi. Sprachen: olon. *keätä* 'kääntää', pass. *keätäh*, *keättih*. *tüötä* 'työntää' pass. *tüötäh*. weps. *v́äta* 'spielen' fi. 'vääntää', pass. *v́ätas*. *l'eta* 'lentää, nostaa', pass. *l'etas*, *al'eta* 'alentaa', pass. *al'etas*. *ŕiǵeta* 'rientää', pass. *ŕiǵetas*. *ōpeta* 'opettaa' eig. 'opentaa' (praes. *ōpendan*) pass. *ōpetas* (nach Setälä, ÄH S. 389/90). Vgl. auch lüd. *ańt't'ī* 'annettiin' (lyyd. kielennäytt. 230_5) sowie estn. *kuldakse*, *kulda* usw. sowie *antud* 'annettu' mit sekundär restituiertem *n*.

Zum ganzen Abschnitt ϑ: Man beachte *a*- resp. *ä*-Verba!

ι) *rt* blieb am Silbenende vor *t* erhalten, also *rtt*:

Aus der älteren Schriftsprache, vor allem Agricola: *hierten* (heute: hiertäen), *sortihin* (= sorrettiin), *sortaan* (sorretaan), *sijrtte* (inf. pass.), *sijrdyt*, *sortuna* (lies: sorttuna), *musertut*, *ei . . . ymmerttä* (= ei ymmärretä), *ymmertepä* (= ymmärttäpä) (nach Ojansuu, Ak S. 112/13, Setälä, ÄH S. 390).

varten von *varttaa* (?) (Ojansuu, Suom. Tutk. Työm. S. 197).

Aus anderen ostseefinnischen Sprachen: weps. *kaburta* 'umarmen', pass. *kaburtas*; liv. *murtəb*, *murtət*, pass. part. von dem fi. *murtaa* entsprechenden Verb; Setälä, ÄH S. 391; vgl. auch estn. *murti*, *murtud*, *murtakse* u. a.

Zu dem ganzen Abschnitt ι): Man beachte: *a*-Verba!

κ) Statt *tt* + *t*: *tt* resp. (in schwacher Stufe) *t*: aus Agricola: *ychtensaatan* (pass.), *sattu* (= saatettu), *ymberiwötyt*, *ennetten* (lies: ennäten), *Hawoittu*, *helpoijtta* (inf. pass.), *idhetteen* (idättään = idätetään), *he poiskarcotin* (pass.), *cukistan* (pass.), *lakioitut*, *ledhetylle* (lähdetylle = lähetetylle), *nimiten* (?) (entspricht heutigem nimittäin), *ylespaisutut*, *ymberinspiritty*, *walitin* (= valitettiin), *wirittin* (= viritettiin), *wiwuytöxi* (= viivytetyksi) (nach Ojansuu, Ak S. 111/12).

Man beachte auch hier wieder, daß es sich um *a*-Verba handelt.

§ 44. d) Poss. suff. 2. sg. nur *ks* belegt, das wie gewöhnlich am Silbenende vor *t* zu *s* wurde:

Ymberileickausti, *Hyuestisiugnausti* (Agricola nach Ojansuu, Ak S. 110).

e) Nom. pl. keine Belege.

f) Abgeleitete Verba:

α) *ks*. *syöstää*, aber *juoksettaa*, *pieksettää* (pieksättää). Solche Fälle wie *sormustaa*, *jänistää* usw. sind zweifellos spät auf Grund der Nominative *sormus*, *jänis* usw. entstanden.

β) *ns*: mir kein Beleg bekannt.

γ) *ps*: mir kein Beleg bekannt.

δ) *ts*: *suistaa*, *veistää*.

ε) *ht* (< *št*): *tähtää*.

ζ) *kt*: *yhtää* (vgl. *yhtyä*).

η) *lt*: *kalttaa* neben *kaltaa*.

ϑ) *nt*: *kattaa* (< *kanttaa*).

ι) *rt*: *varttaa*, *hirttää*.

κ) *tt*: mir kein Beleg bekannt.

§ 45. 2. Vor *n*.

a) Ess. sg

α) *ks*; statt *ksn* : *ss*: *paluelussa*, *Ratelussa* (Agricola nach Ojansuu, Ak S. 109).

β) *ns*; statt *nsn* : *nss* : *kanssa* (< *kansna* ?) (zögernd von Rapola, SKH S. 190 so erklärt, aber nach Mägiste eher < *kansassa*.

γ) *ps*; statt *psn* : *ss*; z. B. *lassa*, sekundär *lasna*.

δ) *ts*: mir kein konsonantstämmiger Beleg des ess. sg. von *veitsi* oder *peitsi* bekannt.

ε) *ht* (< *št*): mir kein konsonantstämmiger Beleg des ess. sg. von *tähti* oder *lehti* bekannt.

ζ) *kt*: regelrecht wäre hier die Vertretung *kt* + *n*: *u̯n* (resp. *ü̯n*), so daß der regelrechte konsonantstämmige Essiv von *yksi* 'yynä' lauten würde. Eine solche Form ist tatsächlich aus südostfinnischen Mundarten belegt, außerdem findet sich nach Rapola, SKH S. 142 (vgl. auch ders., Vir. 1927, S. 360—362) bei Schriftstellern des 18. Jahrhunderts eine Form '*yynnä*', die eine Kontamination des regelrechten *yynä* mit dem unregelmäßigen, aber üblichen *ynnä* darstellt. Nach Setälä: Über Art u. Alter d. Stufenwechsels in FUF XII Anz. S. 9 *ynnä* < **üknä*, da in der starken Stufe „in der Regel der letzte Komponent siegt" (vgl. auch Ojansuu, Ak S. 110 oben, der von **üktnä* ausgeht, das zunächst zu *ütnä* und dann zu *ünnä* geworden sei).

η) *lt*: mir kein Beleg bekannt.

ϑ) Statt *ntn* : *nn*, wobei mir nur Belege für *nt* nach zweiter, und hinterer Silbe überhaupt, bekannt sind: *Colmanna*, *nelienne* usw. (Agricola nach Ojansuu, Ak S. 109).

Nach Ojansuu, ebenda, heute noch in österbottnischen Dialekten.

ι) *rt*: mir kein Beleg bekannt.

κ) *tt*: mir kein Beleg bekannt.

b) Part. praet. act.

α) *ks*: *juossut*, *syössyt*, *piessyt*.

β) *ns*: mir kein Beleg bekannt.

γ) *ps*: mir kein Beleg bekannt.

δ) *ts*: hier wohl analogisch die Vertretung *ts* + *n*: *nn*: *valinnut*, *kainnut*.

Die Analogie dürfte von den Verben mit *ts* nach zweiter oder hinterer Silbe auf Grund der Verba contracta ausgegangen sein. Zu erwarten wäre wohl *ts* > *s* am Silbenende vor *n* gewesen, so daß *tsn* nach Assimilierung des *n* „*ss*" ergeben hätte (s. o. § 43 sub c δ).

ε) *ht* (< *št*): mir kein Beleg bekannt.

ζ) *kt*: zu erwarten wäre für den Stamm **läkt(e)-* das part. praet. act.: *läynyt*, das wohl nach dem estn. *läinud* zu schließen tatsächlich einmal existiert haben dürfte.

η) *lt*; statt *ltn* : *ll* (über *ln*): *kiellyt*, *waelluet* (Agricola nach Ojansuu, Ak S. 112). Man beachte besonders, daß es sich um *a*-Stämme handelt!

ϑ) *nt*; statt *ntn* : *nn*: *Käänyt*, *rakennut*, *ne ercaunnehet*, *enännyet*, *hariaannut*, *heickounnut*, *hapanuet* (Winamariat), *Hätenyet* (= hätännüet), *cokonut* (= kokōnnut < kokounnut), *alenud* (= alentanut), *paraneet* (= parantaneet), *ei tunnut* (Agricola nach Ojansuu, Ak S. 113) *tunet* (lies: tunneet); vgl. auch Setälä, ÄH S. 387, 389, weps. *l'enu* 'lentänyt' (Setälä, ÄH. S. 390).

Man beachte auch hier wieder die zahlreichen *a*-Verba!

ι) *rt*: wohl nur zufällig kein Beleg.

κ) *tt*; statt *ttn* : *nn*: Agricola: *noudanut* < **nouδatnut* (= noudattanut) (von Ojansuu, Ak S. 112 mit Fragezeichen versehen).

Man beachte: *a*-Verb!

c) Potential.

Natürlich sind hier Belege seltener, soweit aber solche vorhanden sind, decken sie sich mit dem Befund beim part. praet. act.: z. B. *juossee*, *valinnee*, *kainnee* usw.

§ 46. 3. Vor *k*.

Imperativ und Optativ.

α) *ks*; statt *ksk*:*sk*: *juoskaa*.

β) *ns*: mir kein Beleg bekannt.

γ) *ps*: mir kein Beleg bekannt.

δ) *ts*; wohl analogisch nach den kontrahierten *t*-Stämmen statt *tsk*:*tk* (s. o. § 43 sub c δ sowie § 45 sub b δ): *valitkaa*, *kaitkoon*.

ε) *ht* (< *št*): mir kein Beleg bekannt.

ζ) *kt*; statt *ktk*:*kk*: *läkkäd* 'lähtekää' (Lyyd. kielennäytt. 34_{13}. *läkkät* id. ebenda 229_8, *läǩkäm* 'lähtekäämme' ebenda 38_{16}, *läkkä* 'mennään', ebenda 228_{13}, *läkkäh* (kaikki jälgeh) Ojansuu, Karj. kiel. Opas[1] S. 9_5 (von unten), estn. *läǩkì*.

η) *lt*; statt *ltk*:*lkk*: Agricola: *elket kielkö*, *kielken* (= kielkkăn), *wscalca* (= uskalkkā), *wscalco* (Ojansuu, Ak S. 112, Rapola, SKH S. 178, Setälä, ÄH S. 390) — weps. *śidaлkat* (Setälä, ÄH S. 391), estn. *keelge*, *keelgu*.

ϑ) *nt*; statt *ntk*:*tk*; dieses *tk* wurde außerhalb des Finnischen zu *kk* assimiliert: Agricola: *tutka*, *tutkan* (Ojansuu, Ak S. 113), Ljungo Tuomaanpoika: *raketkan* (Setälä, ÄH S. 389). Heutige Sprache: *Jumala paratkoon*. weps. *opekat* < **opetkat* (prs. *opendan* fi. opetan), *v́äkat* < **väätkät*, *l'ekat* fi. lentäkää; *al'ekat* 'alentakaa' Setälä, ÄH S. 389/90. *tukat* 'tuntekaa' (< **tukkat* < **tutkat*) *emvɔ tukoɔ* '*emme tunne*', Setälä, ÄH S. 387, estn. *käänge, käängu* mit sekundär restituiertem *n* (?).

ι) *rt*: z. B. weps. *kukerkat* < *kukertka* (vgl. Kettunen, LVHA I § 47).

κ) *tt*: mir kein Beleg bekannt.

§ 47. Zur besseren Übersicht fassen wir die obigen Feststellungen in einer Tabelle zusammen. In der linken Vertikalreihe stehen die anlautenden Suffixkonsonanten, in den rechtsstehenden Vertikalreihen sind die mit dem jeweiligen Suffixkonsonanten zusammentretenden Stammkonsonanten verzeichnet.

( ) bedeutet: der betreffende Konsonant wird an den Suffixanlaut assimiliert.

[ ] bedeutet: an den betreffenden Konsonanten wird der Suffixanlaut partiell oder total assimiliert.

^{x}: der betreffende Konsonant wäre an sich unmittelbarer Verbindung mit dem Suffixkonsonanten fähig — sei es unter Assimilation (diese je nachdem durch zusätzliches ( ) oder [ ] gekennzeichnet) oder ohne solche, aber derartige einschlägige Stämme resp. einschlägige Formen von solchen kommen nicht vor.

^{xx}: wie bei ^{x}, nur mit der Abweichung, daß nur *e*-Stämme nicht vorkommen, aber sehr wohl *a*-Stämme (die aber dann in diesem Falle durchgängig vokalstämmig flektiert werden).

*: an sich mögliche konsonantische Verbindung, auch sind entsprechende Stämme vorhanden, aber Konsonantstamm ist nicht in Gebrauch.

**: an sich möglich, auch entsprechende Stämme vorhanden, aber weder konsonant- noch vokalstämmige Variante der betreffenden Form bekannt.

Tabelle 1.

Einfacher Stammkonsonant.

t	*h*	(*k*)	*l*	(*m*)	*n*	*r*	*s*	auch *s* < *č*	*t*
δ			[*l*]		[*n*]	[*r*]			
n	*h*	(*k*)	[*l*]	(*m*)	*n*	[*r*]	[*s*]	auch [*s* < *č*]	(*t*)
k	^{xx}h[1])	*k*	*l*	$^{x}(m)$	(*n*)	*r*	*s*	^{x}s < *č*	*t*, auch (*t*)
γ			[*l*]	$^{x}[m]$	[*n*]	[*r*]	**[*s*]	$^{x}[s$ < *č*]	[*t*]
m	^{xx}h	(*k*)	*l*	^{x}m	*(*n*)	*r*	**s*	^{x}s < *č*	**t* resp. *(*t*) ?

[1]) Daß *h* an sich hier sehr wohl auftreten könnte, zeigen evident solche Formen wie *nähkää* usw. mit sekundärem, dazu noch analogisch eingeführtem *h*.

Tabelle 2.

Zwei Stammkonsonanten.

	2. Bestandteil der Konsonanz				
t	*s*	*ks* + *t*:*st*	ˣˣ*ns*	*ps* + *t*:*st*	*ts* + *t*:*st* (od. anal.: *tt*, schw. Stf. *t*)
	t	*ht* (<*št*) + *t*:*ht*	*kt* + *t*:*ht*	*lt* + *t*:*ltt*	*nt* + *t*:*nt* *rt*+*t*:*rtt* **st*[1]) *tt* + *t*:*tt* (schw. Stf. *t*)
n	*s*	*ks* + *n*:*ss*	*ns*+*n*:*nss*(?)	*ps* + *n*:*ss*	*ts* + *n*:*nn* (wohl analog., regelrecht wäre es: *ss*)
	t	**ht* (< *št*)	*kt* + *n*:*u̯n* (anal. *hn*)	*lt* + *n*:*ll*	*nt* + *n*:*nn* **rt* **st* *tt* + *n*:*nn*
k	*s*	*ks* + *k*:*sk*	ˣ*ns*	ˣˣ*ps*	*ts* + *k*:*tk* (wohl anal.)
	t	**ht* (< *št*)	*kt* + *k*:*kk* (über *tk*)	*lt*+ *k*:*lkk*	*nt* +*k*:*tk* **rt* **st* **tt*

§ 48. Zu den im vorstehenden aufgezählten Typen kommen nun noch mehr oder weniger vereinzelte Fälle, deren Anzahl sich zweifellos bei systematischem Nachsuchen und vor allem bei reichlicher Heranziehung der Wortbildung und damit der etymologischen Forschung noch beträchtlich vermehren ließe:

lk +*t* : *lt*

kar. Tver. *k'ül't'ä* (nach Ojansuu < *külttä*) von *k'ül'g'i* = fi. *kylki* (part. Sg.);

dieselbe Verbindung in estn. (Dagö): *polt̆ama* 'spassen', Ableitung vom Stamm (?) *polk-* (Ojansuu, Vir. 1917, 106).

lk + *n*:*ll*

aber auch mit *n* ist *lk* verschmolzen, und zwar in *pollut*, das dem heute üblichen *polkenut* entspricht (Ojansuu, ebd.).

ŋk + *n*:*nn*

Auch von *ŋk* ist ein entsprechender Assimilationsfall bekannt in den Redensarten *juoda, puhua hennään* (entsprechend dem gemeinsprachlichen *henkenään* (Ojansuu, ebda.). Dafür, daß *ŋk* resp. dessen schwache Stufe oder überhaupt eine irgendwie ge-

---

[1]) Setälä erwähnt zwar Vir. 19_{135}, daß es auch von Verben auf *-sta* konsonantstämmige Passive gebe, führt aber kein Beispiel für diese an (sondern nur für Verba auf *-tta*). Vielleicht denkt er an den nordestn. Typ *valmistakse, valmistud* von *valmistada*.

artete Entsprechung von ihm auch sonst am Silbenende stehen kann, zeugen solche Worte wie *maakko* < **māηkko* (Toivonen, FUF XVI S. 213/14) und *joe̯ksin* < **i̯oe̯ηksin* (oder *i̯oe̯ηktsin*) (Toivonen, Affrik. S. 234). In beiden Wörtern ist *ηk* am Silbenende durch *k* vertreten (entsprechend wie *nt* am Silbenende durch *t* ersetzt wird). In *joutsen* < **i̯oηtsen* haben wir in *η* die schwache Stufe von *ηk*. Toivonen äußert dies zwar a. a. O. nur als vorsichtige Vermutung (vgl. auch Ravila, FUF XXIII S. 57, der jedenfalls für den Wechsel *ήś* ~ *ήk'ś* im Konditional nicht den Stufenwechsel bemühen will, da sich „zwischen einem Nasal und einem Sibilanten auch sporadisch ein mit dem Nasal homorganer Verschlußlaut entwickeln“ kann; diese also für einen anderen Fall gegebene Erklärung Ravilas käme natürlich für uns hier wegen der Ursprünglichkeit des *k* nicht in Frage), aber gerade im Hinblick auf *hennään*, das doch wohl nur aus **heηnähen* erklärt werden kann, und weiterhin im Hinblick darauf, daß auch sonst vor mit *n* beginnenden Suffixen die schwache Stufe des letzten Stammkonsonanten steht (vgl. z. B. *yynä, läinud*), möchten wir das *η* tatsächlich als schwache Stufe von *ηk* betrachten (vgl. auch § 57).

sk + *t* : *st*.

Daß auch Stämme mit *sk* in konsonantischer Gestalt auftreten konnten, zeigen estnische Formen wie *lasta* fi. '*laskea*' < **laskeδak* (aber auch im SO.-Finnischen *lassa* < *lastak*), *ustav* 'zuverlässig, treu', *ustavus* 'Zuverlässigkeit, Treue' fi. 'uskottava, uskottavuus', *kästi* 'käskettiin' *kästud* 'käsketty'. Im Bereich der Möglichkeit liegt zwar auch analogische Erklärung (etwa nach der Proportion '*pesen* : *pestä* = *lasen*: *lasta*'), aber doch ist sie kaum bei allen Beispielen zutreffend. Auch im Finnischen scheint in *ystävä* die Spur von einem solchen Konsonantstammtyp vorzuliegen, falls dieses Wort etwa von einem Verb *yskää* 'umarmen', 'lieben' (von *yskä* 'Brust, Busen') abzuleiten wäre, also etwa 'Busenfreund', eine Annahme übrigens, die — wie ich nachträglich sehe — einer Annahme Lönnrots nahekommt. Jedenfalls würde sich durch diese Grundbedeutung die heute noch relativ seltene Verwendung des Wortes und sein hoher Gefühlswert erklären.

Wir hätten somit mindestens drei Konsonanzen mit *k* als zweiter Komponente, die in Konsonantstämmen vorgekommen sind: *lk*, *ηk*, *sk*.

§ 49. Entsprechend konnten ursprünglich unmittelbar an Stämme mit *v* als letztem Konsonanten konsonantisch anlautende

Suffixe antreten, wobei *v* allerdings als Halbvokal auftrat: man denke an *kiuas*, gen. *kiukaan*, das zweifellos *kiv(i)* (**kiu̯kaγa* (?) **kiu̯kuγa* — Setälä, ÄH S. 112) als Stammwort aufweist. Auch *Kimmo* ('kivikunnan hallitsiahenki', vgl. *kivi Kimmo*) ist sicher eine Ableitung (zur Endung vgl. *Vellamo*, *Untamo*) vom konsonantischen Stamm *kiv-*. Vgl. auch *keuhkonen* vom Stamm *kev-* (z. B. in *kevyt*): *keuhko* 'Lunge' gehört zweifellos auch hierher, wie Mägiste gezeigt hat.

Schließlich konnten auch Stämme mit *j* und weiterhin mit *ŋ* als letztem Konsonanten konsonantstämmig auftreten, wie Fälle von der Art wie *muistaa*, *uida*, *raiska*, *haiska*, weiterhin *myö-* < *mȫ*), *jȁ* usw. zeigen, die heute durchgängig ,,konsonantstämmig" oder besser kurzstämmig auftreten. Zwar ist angenommen worden, daß diese Stämme aus *möŋö-*, *jäŋä-* usw., also durch eine Art Kontraktion, entstanden seien, aber nach den lappischen und mordwinischen Entsprechungen zu schließen kaum mit Recht. Es ist viel eher anzunehmen, ja geradezu gewiß, daß die Stämme *mȫ-*, *jä-* usw. direkt aus Kurzstämmen wie *möŋ-*, *jäŋ-* hervorgegangen sind. Dies würde zwar dem von Setälä aufgestellten Lautgesetz über den Ausfall von *ŋ* resp. dessen Übergang in *v* (zwischen gleichen Vokalen fiel nach ihm *ŋ* aus, zwischen verschiedenen ging es in *v* über, siehe Thomsenfestschrift) widersprechen, aber angesichts der lappischen und mordwinischen Entsprechungen ist eben das Setäläsche Lautgesetz zu revidieren.

3. Kapitel (§§ 50—53).

Schlußfolgerungen betreffs des Alters der Konsonantstämme aus dem Auftreten derselben.

§ 50. Das hier vorgelegte Material, so unvollständig es an sich auch sein mag, genügt, um die oben (z. B. §§ 30, 31) aufgestellte These zu erhärten, daß die Konsonantstämme zum mindesten in die gemeinfinnische Periode zurückreichen. Zusammenfassend und zugleich ergänzend seien folgende Punkte hervorgehoben:

Das hohe Alter der konsonantstämmigen Formen wird bezeugt

1. durch das übereinstimmende Vorkommen sowohl durchgängiger, zahlreiche Einzelbildungen aufweisender konsonantstämmiger Bildungstypen (etwa Verba auf *-ella*) wie auch einzelner Bildungen in sämtlichen ostseefinnischen Sprachen,

2. durch das Vorkommen von Konsonantstämmen gerade in erstarrten Bildungen (Kasussuffixe *ssa* und *lla*, das bereits erwähnte Formans *-lma* sowie *surma*) sowie in besonders häufig gebrauchten Wendungen und Worten, die sich bekanntlich immer am meisten späten analogischen Neuerungen widersetzen (*nähdä*, *tehdä*, *yhtä*, *kahta*, *ynnä*, *tietenkin*, *tästä piten*, *Jumala paratkoon* usw. usw., *toissa* (vgl. hierzu die Bemerkung Setäläs, ÄH S. 412 Anm.: „Daß gerade *toissa* eine alte lautgesetzliche Form ist, ersieht man auch daraus, daß es fast ausschließlich in der Verbindung ‚*toissa päivänä*' verwendet wird.“),

3. durch gewisse Lautwechselerscheinungen, die zwischen konsonantstämmigen und vokalstämmigen Formen auftreten, und die nur aus gemeinfinnischen, wenn nicht geradezu vorfinnischen Lautwandelvorgängen resp. Stufenwechselfällen (s. u.) erklärt werden können (vgl. insbesondere *pst* ~ *st*, *kst* ~ *st*, *ktk* ~ *tk* (resp. *kk*), *ntn* ~ *nn*, *ktn* ~ *u̯n*, *psn* ~ *ss*, *ksn* ~ *ss*; zum Teil sind diese Lautwechselerscheinungen so altertümlich, daß nur schwer ihre Spuren erkennbar sind: (*ŋkn* > *nn*, *lkn* > *ll*, *lkt* > *lt*).

Diese drei Punkte haben, wenn sie sich auch immer nur an gewisse Fälle anschließen, sozusagen allgemeine Gültigkeit als Zeugnisse für das hohe Alter der Konsonantstämme überhaupt.

§ 51. Dazu treten aber noch einige Punkte, die direkt nur für gewisse Einzelfälle resp. bestimmte Typen Geltung haben, indem sie für gewisse konsonantstämmige Bildungen deren Priorität gegenüber parallelen vokalstämmigen Varianten erweisen, wobei sie natürlich indirekt durch diesen für gewisse Einzelfälle gelieferten relativen Altersnachweis auch für das hohe Alter der Konsonantstämme im allgemeinen zeugen.

4. Bei einem Nebeneinanderbestehen von konsonantstämmigen und vokalstämmigen Varianten in ein- und derselben Form desselben Stammes wird die konsonantstämmige Variante gewöhnlich durch ihr Vorkommen in der älteren Literatur als die ältere erwiesen.

In entsprechender Abwandlung können hier natürlich Punkt 1 bis 3 nochmals herangezogen werden: tritt neben einer heutigen vokalstämmigen Form in den Dialekten oder in den nahe verwandten ostseefinnischen Sprachen eine altererbte konsonantstämmige Form auf — oder findet sich neben der vokalstämmigen Form eine entsprechende konsonantstämmige in einer erstarrten Wendung oder Bildung überhaupt (man vergleiche etwa *yhtenä* neben *ynnä*, *toisena* neben *toissa* in *toissa päivänä* (sowie kar. *toissa*, olon. *tossu*, weps. *toš*), *tänä vuotena* neben *vuonna* in *vuonna* 1936 usw., *uutena* neben *uunna* in *uunna vuonna* usw. usw.) —, oder kommt neben einer vokalstämmigen Form eine konsonantstämmige Variante mit altem Lautwechsel vor (z. B. neben *lapsena* die Form *lassa*; ganz besonders ist das natürlich bei solchen Wörtern der Fall wie *henkenä* neben *hennään* u. ä.), so ist durch diese Umstände jeweils die konsonantstämmige Variante als die ältere erwiesen.

§ 52. In zwei weiteren Fällen zwingt gewissermaßen die innere Logik der sprachlichen Tatsachen dazu, die jeweilige vokalische Variante gegenüber der konsonantstämmigen als sekundär anzuerkennen.

5. In gewissen Fällen begegnen bei *a*-Stämmen Nebenformen mit *e*, und zwar gerade in solchen Formen, die auch konsonantisch auftreten (wir denken an das *e*-Passiv von solchen Verben mit dem Themavokal *a*, die ursprünglich konsonantstämmiges Passiv — wie auch andere konsonantstämmige Formen — aufweisen, also an die Passiva der *a*-Verben mit *t* als letztem Konsonanten). Abgesehen von dem Zeugnis der älteren Schriftsprache wird nun hier die vokalstämmige *e*-Form gegenüber der konsonantstämmigen

Variante gerade dadurch als sekundär erwiesen, daß sie einen von dem altererbten Stammvokal abweichenden Vokal aufweist.

6. Wie die obigen Aufstellungen zeigen, gibt es mehrere Formgruppen, in denen nur ganz wenige (aber eben doch immerhin einige!) konsonantstämmige Varianten auftreten im Unterschied zu anderen Formgruppen (z. B. der ess. sg. gegenüber dem partic. praet. act. einerseits und dem part. sg. andererseits — um jetzt einmal die pluralischen resp. imperfektischen Konsonantstämme ganz außer Acht zu lassen —), in denen sowohl bei den gleichen lautlichen Verhältnissen (d. h. bei den gleichen Konsonanten — letzter Stamm- und erster Suffixkonsonant — und dem gleichen „Themavokal" des Vokalstammes sowie bei der gleichen Silbenzahl) als auch bei den gleichen Wortstämmen viel zahlreichere konsonantstämmige Bildungen begegnen. Da das Auftreten des Konsonantstammes resp. des Vokalstammes jeweils zum mindesten bei ein- und demselben Wortstamm bei solchen Formen, in denen überhaupt irgendwo Konsonantstamm belegt ist, ursprünglich an sich nur von bestimmten lautlichen Voraussetzungen konnte abhängig gewesen sein, die sich ihrerseits in regelmäßiger Vertretung äußern mußten (bei gleichen lautlichen Voraussetzungen und bei gleichem Stamm in derselben Formkategorie entweder durchgängig Vokal- oder durchgängig Konsonantstamm), müssen hier analogische Durchkreuzungen angenommen werden, und zwar läßt sich hier aus plausiblen Gründen (sonstiges häufiges Auftreten des Vokalstammes im Paradigma — Näheres siehe sogleich) nur analogische Durchkreuzung zugunsten des Vokalstammes denken, so daß sich also auch auf Grund dieser Erwägung für gewisse, nicht allzu wenige Fälle Primärität des Konsonantstammes gegenüber daneben bestehendem Vokalstamm ergibt. Je nach den besonderen Umständen sind natürlich solche Schlüsse auch bei nicht absolut gleichen Lautverhältnissen gestattet, z. B. wenn aus irgendwelchen Gründen lautlich absolut entsprechende Stammtypen nicht beigebracht werden können, aber genügender Anlaß zu der Annahme vorliegt, daß sie, falls vorhanden, in der einschlägigen Form Konsonantstamm aufweisen würden.

Nehmen wir als Beispiel sogleich den ess. sg. Hier haben wir, was zunächst die *e*-Stämme anbelangt, eine Reihe konsonantstämmiger Formen sowohl bei zwei-, als auch bei drei- und mehrsilbigen Nomina, die aber eben doch nur einen bescheidenen Ausschnitt aus der Gesamtfülle der Essivformen der *e*-Stämme darstellen (vgl. die oben genannten Beispiele *tervehnä*, *piennä*, *huomenna*, *puolla*, *alla*, *yllä*, *päällä*, *suurra* (*suurna*), *nuorra*, *autuassa*, *kuningassa*, *kallissa*, *ensimäissä*, *iloissa*, *toissa*, *lässä*, *viatonna*, *onnetonna*, *uunna vuonna*, *kuollunna*, *tonna*, *sunna*, *palvelussa*, *lassa*, *yynä* (*ynnä*), *kolmanna* u. a.). Da nun aber zunächst einerseits bei den gleichen Konsonanten (letztem Stamm- und anlautendem Suffixkonsonant), wie sie in den vokalstämmigen Essivformen auftreten, sich (abgesehen von den vereinzelten konsonantstämmigen Restvertretern des Essivs bei jeweils gleichen Konsonanten) z. B. im partic. praet. act. durchgängig Konsonantstämme finden und andererseits bei den gleichen Nomina, wo der ess. sg. vokalstämmig ist, der part. sg. Konsonantstamm aufweist, ist für solche Essive als ursprüngliche Gestalt unbedingt Konsonantstamm zu erschließen. Statt heutigem *tulena*, *verenä* usw. muß die Form wegen *tullut*, *vierryt* usw. einerseits und wegen *tulta*, *verta* usw. andererseits einmal konsonantstämmig gewesen sein, also **tulla*, *vernä* gelautet haben. Wir können aber noch einen Schritt weiter gehen. Selbst wenn sich, wie gesagt, lautlich nicht ganz genau entsprechende Beispiele, in diesem Fall vom partic. praet. act. auftreiben lassen, können wir auf jeden Fall bei Vorhandensein anderer konsonantstämmiger Formen desselben Wortstammes, in diesem Fall bei konsonantstämmigem part. sg., auf konsonantstämmige Formen, in diesem Fall auf konsonantstämmige Essive, schließen. So haben wir etwa bei den Stämmen mit *t* als letztem Konsonanten keine konsonantstämmigen Beispiele vom part. praet. act. für die *e*-Stämme (außer bei Konsonanz mit *t*: *tunnut* von *tuntea* (Agricola) und estn. *läinud* gegenüber fi. *lähtenyt*): vgl. z. B. *kytenyt* (übrigens sind einschlägige Verba selten), wohl aber für die *a*-Stämme (*tiennyt*, *tainnut* und auch sonst früher, s. o.). Da nun aber sonst bei den *e*-Stämmen im allgemeinen konsonantstämmige Parallelformen häufiger sind als bei den *a*-Stämmen und da sich weiterhin im besonderen auch bei den *e*-Verba mit *t* als letztem Konsonanten erstarrte konsonantstämmige Reste, wegen der Seltenheit dieses Verbaltyps freilich nur vereinzelt (z. B. *jalan syten* s. o.), finden, und nicht zum letzten auch wegen der konsonantstämmigen Formen von *e*-Verba mit *t*-Konsonanz (z. B. von *tuntea*), können wir mit großer Wahrscheinlichkeit darauf schließen, daß auch das partic. praet. act. der *e*-Verba mit *t* als letztem Konsonanten einmal konsonantstämmig gewesen ist. Dies wiederum berechtigt uns nun in Anbetracht dessen, daß der part. sg. der *e*-Nomina mit *t* als letztem Konsonanten konsonantstämmig ist, zu dem Schluß, daß auch der ess. sg. dieser Nomina Konsonantstamm aufwies, also statt *vetenä* einmal ein konsonantstämmiger Essiv existierte, und tatsächlich wird diese Schlußfolgerung durch vereinzelte einschlägige real vorhandene Formen wie *vuonna*, *uunna*, *tonna*, *sunna*, vor allem aber durch den verbreiteten ostfinnischen Essivtyp des part. praet. act. auf *-n(un)na* gestützt (*tullunna*, *ollunna*, *syönynnä*, *luvanna*, vgl. z. B. Latvala, Lauseopillisia muistiinpanoja Pohjois-Savon murteesta, Ṛeijonen, Väh. kirjelm. XIII (Nurmes)), und diese Formen erfahren ihrerseits durch unsere Schlußfolgerung gewissermaßen ihre prinzipielle Rechtfertigung. Auch für die Nomina mit *m* als letztem Konsonant können wir zweifellos auf Grund der konsonantstämmigen part. sg. auf konsonantstämmigen ess. sg. des jeweils gleichen Nomens schließen, obwohl entsprechende part. praet. act. sich deshalb nicht beibringen lassen, da Verba mit *m* und *h* als letztem Konsonanten, soweit *e*-Stämme in Frage stehen (auch bei *a*-Stämmen sind mir solche mit *m* unbekannt), nicht begegnen, also ursprünglich **lunna* (oder ähnlich), **lohna* statt heutigem *lumena*, *lohena* (auf Grund von *lunta*, *lohta* zu erschließen). Diese Schlußfolgerung wird durch die Verhältnisse bei den drei- und mehrsilbigen *a*-Stämmen mit *m* als letztem Konsonanten (Caritiva und Superlative) sowie bei den dreisilbigen *e*-Stämmen mit *h* als letztem Konsonanten, wie sie in der älteren Schriftsprache noch durchschimmern (s. o. 2. Kap. § 25 sub 2a), gestützt.

Nehmen wir noch ein Beispiel mit Stämmen von Konsonanz vor dem „Themavokal", so läßt sich z. B. auf Grund von dem als ursprünglich feststehenden (und tatsächlich aus SO-Finnland belegten, siehe oben § 45 sub 2a) **yynä* einerseits sowie von *kahta* andererseits für *kaksi* ein ursprünglicher Essiv **kaụna* mit größter Wahrscheinlichkeit erschließen. Ebenso müssen jedenfalls Stämme mit *lt* und *nt*, da einerseits von ihnen konsonantische Partitive vorliegen (z. B. *jälttä*, *kolmatta*) und andererseits entsprechende Verbalstämme wenigstens ursprünglich konsonantisches part. praet. act. aufweisen (z. B. *kiellyt*, *käännyt* usw.), früher konsonantischen Essiv gehabt haben (über Stämme mit *rt* und andere Konsonanzen s. u. § 56).

Es ist, wie bereits angedeutet, einfach, das Zurücktreten der konsonantstämmigen Varianten aus dem analogischen Einfluß der weitaus überwiegenden vokalstämmigen Flexionsformen zu erklären. Gerade das Schicksal der konsonantischen Essive in Gegensatz zu dem der partic. praet. act. bietet hier ein instruktives Beispiel. Die infiniten Verbalformen sind ja auch sonst in allen Sprachen dem Systemzwang nicht in dem hohen Maße wie die finiten Verbal- und Deklinationsformen ausgesetzt. Auch solche formelhaften resp. erstarrten Essive wie *toissa*, *vuonna*, *alla*, *yllä*, *päällä*, *puolla*, *ynnä* weisen in diese Richtung. Aber natürlich reicht diese an sich formalistische analogische Erklärung nicht aus, wenn wir nicht zugleich das Motiv der Analogie näher bezeichnen. Es handelt sich nämlich in den besagten Fällen weniger um eine Ungleichmäßigkeit, die durch die Analogie innerhalb des Flexionsparadigmas behoben würde, — wie dies bekanntlich bei Analogiewirkungen meist der Fall ist, weshalb gewöhnlich schlechthin von der „ausgleichenden" Wirkung der Analogie gesprochen wird — als vielmehr um die Wiederherstellung des markanten Endungscharakters (siehe auch oben § 22), und zwar war resp. wäre dieser markante Endungscharakter, wie wir gesehen haben, durch Assimilationen des Suffixkonsonanten, in diesem Falle des *n*, an den jeweiligen Stammkonsonanten verloren gegangen (*suurra*; **tulla* würde der Essiv von *tuli* bei konsonantstämmiger Bildungsweise lauten, usw.). Besonders bei den Stammkonsonanten *l* und *s* konnte so überdies leicht eine Verwechslung mit anderen Kasus eintreten, wie denn vom Sprachbewußtsein z. B. Formen wie *alla*, *yllä*, *toissa*, *kanssa* heutzutage eher als Adessive resp. als Inessive als als Essive aufgefaßt werden (vgl. etwa auch die Grammatik von Rosenqvist, wo sich diese volkstümliche Auffassung von *yllä*, *alla*, *päällä* findet; bei *kanssa* ist sie möglicherweise im Recht, da Mägistes Herleitung aus *kansassa* sehr anspricht). Den Beweis ex contrario liefert uns hier der part. sg., von dem bekanntlich heutzutage noch zahlreiche konsonantstämmige Typen im Gebrauch sind. Bei diesem Kasus ist umgekehrt die vokalstämmige Form, jedenfalls bei zweisilbigen Vokalstämmen, viel weniger markant, da das nach unbetonter Silbe auftretende intervokalische *t* schwache Stufe, die nachher schwand, zeigte.

Selbstverständlich hat auch die Rücksicht auf die Einheitlichkeit des Stammes durch alle Kasus Anlaß zum Eintreten der Analogie gegeben. Dieser Gesichtspunkt kommt bei solchen Essiven in Frage, in denen der letzte Stammkonsonant an das *n* assimiliert ist resp. assimiliert sein müßte, wie in Stämmen auf *k*, *m* und *t*, sowie auf Konsonanzen wie *kt*, *lt*, *rt*. Hier haben wir bei zweisilbigen Stämmen nur von denen auf *-t* solche erstarrten Reste wie *uunna*, *vuonna*, *täynnä*, *sunna*, *tonna*, (*kuu*)*kaunna*, sowie ganz ausnahmsweise von Stämmen mit Konsonanz wie *lassa* von *lapsi*, *yynä* resp. *ynnä* von *yksi* (vgl. dagegen nur *kahtena*).

Recht interessant ist hier besonders das unterschiedliche Verhalten der Sprache bei zwei- und dreisilbigen Stämmen mit *m* als letztem Konsonanten: bei den Zweisilbern ist hier nämlich offensichtlich der konsonantische Essiv wesentlich früher geschwunden, da von diesen überhaupt keine konsonantstämmigen Essive belegt sind, als bei dreisilbigen Stämmen, bei denen er zwar heute auch nicht mehr auftritt, aber doch immerhin aus der alten Literatur wie aus den Dialekten gut bekannt ist (Typ: *onnetonna*). Die Ursache zu diesem Verhalten ist durchsichtig genug: im letzteren Fall wurde der sekundäre „*n*-Stamm" durch den Nominativ gestützt. Daß die Sache wirklich so ist und nicht etwa die Dreisilbigkeit resp. die speziellen Verhältnisse bei den dreisilbigen Stämmen (s. u. 6. Kap.) als solche die Ursache darstellen, zeigt das Verhalten der dreisilbigen Stämme mit *k* als letztem Konsonanten. Auch hier ist der konsonantische Essiv sehr früh geschwunden, so daß sich keine direkten Spuren von ihm mehr feststellen lassen (siehe o. § 37 sub 2aβ), während wir solche bei den mit den *k*-Stämmen mannigfach verschmolzenen *h*-Stämmen reichlich belegen können. Daß der konsonantische Essiv andererseits wenigstens noch indirekt (auf Grund von Formen wie z. B. *teruenne* bei Agricola, s. o. § 37, 2aβ erschließbar) bei den dreisilbigen *k*-Stämmen im Gegensatz zu den zweisilbigen *k*-Stämmen (also bei Stämmen wie *tuke-* usw.), wo er überhaupt unbekannt ist, nachweisbar ist, dürfte ebenfalls aus der Nominativform, in der das *k* nicht mehr so deutlich wie bei den zweisilbigen *k*-Stämmen hervortritt, zu erklären sein (also nom. *kaste'* einerseits und nom. *tuki* andererseits).

Ja, sogar im part. sg., der doch sonst so gut wie durchgängig, wo dies überhaupt lautlich möglich ist (also wo keine allzu schwere Konsonantenhäufung resp. den Stamm oder die Endung unkenntlich machende Assimilation eintritt), Konsonantstamm zeigt, ist bei den zweisilbigen *m*-Stämmen, eben wegen der Assimilation des *m* zu *n* vor dem Partitiv-*t*, dieser konsonantische Partitiv bisweilen durch vokalstämmigen ersetzt worden: *Suomea* jetzt durchgängig für früheres *Suonta* (vgl. Kettunen, Vir. 13 (1909)

S. 93), weiterhin heute jedenfalls zum Teil *niemeä, liemeä* statt *nientä, lientä* sowie estn. *lume*. Daß hier andererseits die Ersetzung des konsonantstämmigen Partitivs durch die vokalstämmige Variante nicht so weit gediehen ist, wie beim Essiv, dürfte sich leicht aus dem partiellen Charakter der Assimilation des *m* an das *t* im Gegensatz zur totalen Assimilation des *m* an das *n* des Essivs erklären. Was wiederum den Umstand anbelangt, daß sich bei den dreisilbigen *m*-Stämmen nur sehr wenige vokalische Partitive finden, so gilt hier dasselbe, was soeben vom Essiv dieser Stämme erwähnt wurde. (Über den part. sg. der zweisilbigen *k*-Stämme, der überhaupt nur vokalisch ist, s. u. § 55, 2. Absatz.)

Nur die dreisilbigen *t*-Stämme bilden insofern eine Ausnahme, als bei ihnen der konsonantische Essiv trotz der Nominativform mit *t* ziemlich reichlich überliefert und in dem ostfinnischen Typ des part. praet. act. auf *-n(un)na* noch heute lebendig ist. Diese „Ausnahme" verliert aber ihren befremdlichen Charakter, wenn wir uns erinnern, daß sich hier auch von zweisilbigen Stämmen konsonantische Essive, wenn auch nur in vereinzelten erstarrten Resten, finden. Also in allen genannten Fällen (*m*-, *k*- und *t*-Stämme) kann die Dreisilbigkeit bzw. die speziellen Verhältnisse bei den Dreisilbern nicht als Argument für die Erhaltung des konsonantischen Essivs ins Feld geführt werden.

Genau wie beim Essiv läßt sich auch bei anderen Formkategorien, z. B. beim partic. praet. act. und den sonstigen oben behandelten Verbalformen, besonders hinsichtlich der *e*-Verba mit *t* als letztem Konsonanten, verfahren, sowohl was die Feststellung des ursprünglichen Zustandes als was die Erklärung des Zurückweichens der konsonantstämmigen Formen betrifft.

§ 53. Mit den obigen Punkten, insbesondere durch die Punkte 1 bis 3, glauben wir das hohe, mindestens gemeinfinnische Alter der Konsonantstämme gesichert zu haben.

Ziehen wir nun in Betracht, daß es auch im Lappischen trotz der bedeutend weiteren Verbreitung des Vokalstammes alte Konsonantstämme gegeben hat (z. B. bei den ungleichsilbigen Nominalstämmen) und daß auch im Mordwinischen und Tscheremissischen (z. B. in der Konjugation der Verba auf *-am, äm*, etwa *pittä* (KB), *pittà* (U) 'ihr bandet') sich offensichtlich alte Konsonantstämme finden, so bleibt nichts weiter übrig, als ein über die urfinnische Periode weit hinausragendes Alter der Konsonantstämme anzunehmen.

Diese Zurückverlegung in die vorfinnische Periode, und zwar eine weit zurückliegende, etwa die wolgafinnische, vielleicht sogar permisch-wolgafinnische Zeit, wird noch durch den Umstand gestützt, daß gerade Partitiv und Essiv, in denen der Konsonantstamm so häufig auftritt, sehr alte Kasus sind. Den Beweis ex contrario liefert hier der Illativ, der bekanntlich ein relativ junger Kasus ist und der trotz der an sich bestehenden Möglichkeit konsonantstämmiger Bildungsweise doch vom Vokalstamm, auch bei allen solchen Wortstämmen, die sonst konsonantstämmige Parallelformen aufweisen, gebildet wird. So würde sich z. B. ganz gut *k* als letzter Stammkonsonant mit dem Suffixkonsonanten *s* vertragen, also eine Form wie *sadeksen* wäre sehr wohl möglich, statt dessen heißt es bekanntlich *sateesen* (oder anal. *sateeseen*) < *sateγesen* (Näheres über diese Erscheinung siehe unten passim). Man vergleiche auch die Verhältnisse bei solchen ebenfalls stets vokalisch angefügten Formantia wie z. B. den Adjektivformantia *-e̯δa* (resp. *-eδä*), *-e̯ra* (*-erä*), *-e̯la* (*-elä*) u. a., die trotz ihres relativen Alters sicher jünger sind als z. B. die Kasussuffixe *-ta* und *-na* (siehe unten passim).

4. Kapitel (§§ 54—58).

Lautgesetzliche Bedingtheit der Konsonantstämme.

§ 54. Das obige Material zeugt aber auch für frühere viel weitere Verbreitung der Konsonantstämme; dies zeigen schon die in den Punkten 4 bis 6, insbesondere aber in 6, niedergelegten Schlußfolgerungen, denen als solchen hier nichts hinzuzufügen ist — wenigstens vorläufig nicht, ehe wir ein anderes Problem geklärt haben, ein Problem, das sich ebenfalls auf Grund des obigen Materials entscheiden läßt.

Und zwar handelt es sich hier um die Frage, ob das Auftreten konsonantstämmiger Formen ursprünglich an bestimmte einzelne Wortstämme geknüpft war oder ob es ursprünglich, d. h. ehe analogische Durchkreuzungen einsetzten, nach einem festen Lautgesetz (resp. nach festen Lautgesetzen) ausnahmslos bei allen die lautlichen Voraussetzungen erfüllenden Stämmen erfolgte.

Die moderne Forschung hat zwar zu dieser Frage nicht ausdrücklich Stellung genommen, aber der Umstand, daß in keiner Weise der Versuch gemacht worden ist, die lautlichen Bedingungen des Auftretens konsonantstämmiger Formen zu klären, zeigt aufs deutlichste, daß das Auftreten dieser Formen gewissermaßen als eine regellose, rein lexikalisch zu registrierende Erscheinung, d. h. als eine an diese und jene Wortstämme gebundene Erscheinung angesehen wird.

Im unmittelbaren Zusammenhang hiermit steht die Tatsache, daß über das gegenseitige Verhältnis von Konsonant- und Vokalstamm bei ein- und demselben Wortstamm keine Ansichten geäußert worden sind: wenn einmal das Auftreten der konsonantstämmigen Formen stillschweigend als eine rein äußerlich lexikalisch zu registrierende Erscheinung hingenommen wird, ist es durchaus konsequent, auch das Auftreten von Vokal- und Konsonantstamm bei ein- und demselben Wortstamm nebeneinander als rein äußerlich zu registrierende Erscheinung aufzufassen, d. h. zwischen Vokal- und Konsonantstamm keine irgendwie geartete innere Beziehung anzunehmen.

Die frühere Sprachforschung hat freilich einen inneren Zusammenhang zwischen vokalstämmigen und konsonantstämmigen Formen insofern angedeutet, als sie von den letzteren als von „verstümmelten" Formen sprach. Sie betrachtete also die volleren vokalstämmigen Formen als die ursprünglichen. (Nebenbei gesagt ist diese Ansicht von den ursprünglichen mindestens zweisilbigen Wortstämmen des Finnisch-Ungarischen auch heute noch nicht aufgegeben; vgl. z. B. Lakó, A permi nyelvek szóvégi magánhangzói S. 1—2.) Dies entsprach durchaus der seinerzeitigen sprachwissenschaftlichen Ansicht von den drei Sprachperioden, nach der bekanntlich die Zeit der geschichtlichen Sprachentwicklung die Periode des Verfalls darstellt. Abgesehen von dem rein spekulativen Charakter dieser Begründung, für die keinerlei Tatsachennachweis auch nur versucht wurde, ist die alte Ansicht von den verstümmelten Konsonantstämmen schon deshalb jedenfalls unzulänglich — über Richtigkeit und Falschheit läßt sich natürlich nicht so ohne weiteres etwas sagen —, weil gar kein Lautgesetz darüber aufgestellt wurde, wann die Verstümmelung eintrat, wann nicht. Diese Verstümmelungsthese gehört also in die umfangreiche Kategorie der „sporadischen Lautwandelfälle" der alten Sprachwissenschaft und paßt nicht zu der modernen Lautgesetzlehre. Sie wurde denn auch von der modernen Sprachwissenschaft aufgegeben, obwohl weniger mit dieser prinzipiellen Begründung als vielmehr unter Hinweis auf solche Fälle, in denen kaum der Konsonantstamm als das sekundäre angesehen werden kann (Thomsen, BFB S. 107ff. Anm.), oder einfach unter Hinweis auf das hohe Alter der Konsonantstämme (Setälä, ÄH S. 390).

Was nun die geschilderte Einstellung der heutigen Forschung zur Konsonantstammfrage betrifft, so besteht natürlich an sich die Möglichkeit, daß sich vereinzelte lediglich lexikalisch erfaßbare Konsonantstämme neben sonstigen Vokalstämmen, und zwar speziell auch in bestimmten Formen als Varianten von einzelnen in anderen Formen mit „Themavokal" auftretenden Wortstämmen, finden, aber — wie gesagt — nur vereinzelte. Demnach widerspricht dieser „lexikalischen" Auffassung das auch in der jetzigen Sprache zu beobachtende relativ häufige Auftreten der Konsonantstämme, insbesondere im Hinblick darauf, daß diese heutige Häufigkeit wegen der früheren noch größeren Frequenz nicht aus sekundärer Verallgemeinerung erklärt werden kann.

Dazu kommt nun, daß unsere obigen Aufstellungen über das Vorkommen konsonantstämmiger Formen bindend erwiesen haben, daß für dieses unbedingt die lautlichen Verhältnisse mit maßgebend sind: was zunächst den „Themavokal" und die Silbenzahl betrifft, so finden sich offensichtlich bei *e*-Stämmen mehr konsonantstämmige Parallelen als bei lautlich entsprechenden *a*- (resp. *ä*-) Stämmen (während sich bei *i*-, *o*- (*ö*-) und *u*- (*y*-) Stämmen in den hier behandelten Formkategorien überhaupt keine Konsonantstämme aufweisen lassen — hierüber siehe unten § 60), sowie bei dreisilbigen mehr als bei zweisilbigen, und was die jeweils zusammenstoßenden Konsonanten betrifft, so geht ja unser ganzer obiger Überblick davon aus und läuft darauf hinaus, daß das Auftreten des Konsonantstammes von ihnen mit abhängt, weshalb wir ja auch bei unserer Argumentation unter Punkt 6 die lautlichen Verhältnisse ausgiebig heranziehen mußten. Ferner kommt dazu, daß — worauf schon oben § 16 hingewiesen wurde — die in konsonantstämmigen Formen auftretenden Suffixe gewissen lautlichen Bedingungen genügen zu müssen scheinen (silbischer Charakter und einfacher anlautender Konsonant).

Ob nun die lautlichen Verhältnisse ausschließlich für das Auftreten des Konsonantstammes maßgebend waren, bleibt jetzt zu untersuchen. Jedenfalls steht aber von vornherein fest, daß der Annahme eines rein lexikalisch zufälligen Vorkommens bereits der bisher ermittelte Grad der Abhängigkeit des Auftretens der Konsonantstämme von den lautlichen Verhältnissen widerspricht.

§ 55. Wenden wir uns zunächst der Frage der zusammenstoßenden Konsonanten zu. Hier ist zwar zu beobachten, daß bei denselben zusammenstoßenden Konsonanten bald Vokal-, bald Konsonantstamm auftritt, aber auch bei ein- und demselben Stamm konnte ja, wie wir gesehen haben, in der einen Form Konsonantstamm, in der anderen, ebenfalls den lautlichen Vorbedingungen der Konsonantstämme durchaus genügenden Form Vokalstamm auftreten (etwa im part. sg. Konsonantstamm, im ess. sg. Vokalstamm, z. B. *tulta* gegenüber *tulena*) Genau so wie wir die Inkonsequenz im letzteren Falle aus sekundären Durchkreuzungen erklärt haben, ist eine solche Erklärung für die Inkonsequenz im ersteren Falle, also für die Lautgesetzwidrigkeit, von vornherein jedenfalls denkbar.

Bei näherem Zusehen ist sie sogar sehr nahe liegend. Nehmen wir zunächst die zweisilbigen Nomina mit *k* als letztem Konsonanten!

Von diesen haben wir, wenn wir von den Pluralformen einmal absehen, überhaupt keine konsonantischen Formen, also weder im Essiv noch, was besonders auffällig ist, im Partitiv. (Um Mißverständnisse zu vermeiden, sei hier nochmals betont, daß die Bezeichnung nach der Silbenzahl den vollen etymologischen Vokalstamm betrifft: *tuki* resp. *tuke-* ist also zweisilbig, *sade* resp. *sateye-* dreisilbig. Also z. B. part. *sadetta* käme hier nicht in Frage.) Hier kann also das unter Punkt 6 herangezogene Argument, das in dem Hinweis auf konsonantische Varianten desselben Wortstammes in einer anderen Formkategorie bestand, nicht angewandt werden. Trotzdem läßt sich auch für diese Stämme sowohl konsonantischer Partitiv als auch konsonantischer Essiv als das Ursprüngliche durchaus wahrscheinlich machen. Wie wir unter Punkt 6 bezüglich des Essivs darauf hinwiesen, daß Rücksicht auf die Einheitlichkeit des Stammes bzw. auf Wahrung markanten Endungscharakters Einführung der vokalischen Form bedingt, können wir dies auch hier tun. Nur kommt hier, da das starkstufige *t* nicht assimiliert wird, lediglich die erste Alternative in Frage. Zunächst wäre da betreffs des Essivs der zweisilbigen *k*-Stämme zu sagen, daß in diesem bei konsonantstämmiger Bildungsweise das *k* vokalisiert wäre und er demgemäß von *tuki* im Finnischen *tuuna* lauten würde, falls sich hier *yynä* als Musterbeispiel anführen läßt. Sicher ist aber auf jeden Fall, daß ein konsonantischer Essiv *tukna* irgendwie lautgesetzlich umgestaltet worden wäre, und das ist hier das Wesentliche. Es ist aber klar ersichtlich, daß ein solcher vom Grundstamm erheblich abweichender Essivstamm sich nicht halten konnte, wenigstens nicht in einem lebendigen Paradigma (man vergleiche das Schicksal von *yynä*, das sich auch nur in einer erstarrten Partikel, und auch hier nur in einigermaßen an den Wortstamm angeglichener Form, halten konnte). Beim Partitiv ist es nicht viel besser, da dieser *tuhta* lauten würde (vgl. *yhtä, kahta* usw., diese beiden Partitive sind selbstverständlich keine Gegenbeispiele gegen unsere Argumentation, da sie ja dem respektiven Wortstamm *yhte-*, *kahte* durchaus nahe stehen).

Es ist nun äußerst wichtig, zu beachten, daß die *k*-Stämme von den Stämmen mit einfachem Konsonanten außer den *m*-Stämmen die einzigen sind, bei denen der Stammkonsonant vor dem Partitiv *-t* verändert wird. Davon, daß auch bei den zweisilbigen *m*-Stämmen, eben aus der gleichen Ursache, also wegen der Umwandlung des *m* vor dem *t* zu *n*, vokalische Partitive vorkommen, war bereits (s. o. § 52 drittletzter Absatz) die Rede.

Auch der Umstand, daß die wenigen *e*-stämmigen *k*-Verba, die konsonantstämmige Formvarianten aufweisen, gerade zu den häufigst gebrauchten gehören, spricht für unsere Erklärung: man vergleiche die sprachliche Frequenz von *tehdä* und *nähdä* gegenüber der von Verba wie *tukea*, *lukea*, *hokea* usw. Der mögliche Einwand, daß gerade häufig gebrauchte Wörter abgeschliffen werden, ist hier nicht stichhaltig, da sich erstens die „Abschleifung" nur in feststehenden, ganz alltäglichen Wendungen und Partikeln findet und zweitens diese Abschleifung ganz anderen Charakter trägt als die Ersetzung von Vokalstamm durch Konsonantstamm.

Für die Wichtigkeit der Frequenz ist einerseits die durchgängige Konsonantstämmigkeit der häufigen *pestä* und *kusta* und andererseits das Schwanken bei so selten gebrauchten Verba wie *kosta* neben *kosea* und *lestä* neben *leseä* ganz besonders bezeichnend. Die Vokalstämmigkeit gewisser *t*-Verba, insbesondere solcher mit dem Themavokal *e* (wie *kyteä*, *kutea*, *potea*, *syteä*), ist freilich zunächst verwunderlich, da diese Verba wenigstens in der Volkssprache sehr verbreitet und üblich sind. Aber immerhin ist von *syteä* die Form *syten*, und zwar bezeichnenderweise als erstarrte Form in einer häufigen Redensart, bekannt. Das Fehlen von sonstigen konsonantstämmigen Belegen ist vielleicht nur zufälliger Natur, zumal die Verba zum Teil in der Literatursprache, besonders in der älteren, kaum auftreten. Ganz besonders zeigt aber das Beispiel des häufig gebrauchten *tuttu* (auch *tuta*, *tuten*, *tutaan*) von einem Verb wie *tuntea*, also von einem Verb, das Konsonanz aufweist und bei dem demgemäß in den konsonantstämmigen Formen der Wortstamm besonders stark „verstümmelt" erscheint, daß tatsächlich die Frequenz eine entscheidende Rolle spielt (vgl. auch in der alten estnischen Schriftsprache z. B. *minno tuttes* 'meines Bedünckens' bei Thor Helle (1732) S. 193). Keinesfalls lassen sich *tuta* und *syten* als Gegenbeispiele gegen die lautgesetzliche Erklärung verwenden, als ob von Anfang an nur bei vereinzelten Verba die Möglichkeit konsonantischer Bildung ausgenutzt wurde. Vielmehr führt unsere ganze Argumentation zwingend zu der Schlußfolgerung, daß wir nicht nur von einer lautlichen Möglichkeit, sondern geradezu von einem ursprünglich vorhanden gewesenen lautgesetzlichen Zwang zur konsonantstämmigen Bildungsweise gewisser Formen sprechen müssen; denn durch unsere Argumentation ist ja für die Suffixe eines bestimmten lautlichen Typus und für die Stämme eines bestimmten lautlichen Typus konsonantstämmige Bildungsweise als durchgängig erwiesen worden, und zwar handelt es sich um Suffixe silbischen Charakters mit einfachem konsonantischem Anlaut und um den Themavokal *e* aufweisende zwei- und mehrsilbige Stämme mit *h, k, l, m, n, r, s* (auch *s* < *ć*), *t* als letztem Konsonanten. Übrigens ist nicht nur bei *s* (vgl. auch *kosta*), sondern auch bei *t* die Herkunft gleichgültig (vgl. etwa *tietää* mit *t* < *ç̓*, siehe Toivonen, Affrik. Nr. 95; daß der Themavokal abweicht, spielt ja bei dieser Feststellung keine Rolle).

Die Silbenquantität, insbesondere bei zweisilbigen Wörtern die der ersten Silbe, spielt keine nachweisliche Rolle (vgl. etwa *pestä* gegenüber *nousta*), auch nicht der Umstand, ob die erste Silbe aus Kontraktion hervorgegangen ist oder nicht (vgl. etwa *hiiri* gegenüber *suuri*).

Aus diesem unter bestimmten Umständen vorliegenden lautgesetzlichen Zwang zur Konsonantstämmigkeit ergeben sich nun für solche Wortstämme, bei denen nicht soviel oder gar nur vereinzelte konsonantstämmige Bildungen belegt sind, gewisse Schlußfolgerungen.

§ 56. Betrachten wir zunächst die Konsonanzen, von denen oben die Rede war, wie *ks, ps, ts, ht, kt, lt, nt, rt,* auch *tt* und *st,* also alle Konsonanzen mit *s* resp. *t* als zweiter Komponente (außer *ls, ms, ns, rs,* von welchen allen Stämme äußerst selten sind bzw., wie *ms* gar nicht oder, wie *rs,* erst spät vorkommen), so haben wir für jede von ihnen soviel Beispiele für ihr Vorkommen in konsonantstämmigen Bildungen, daß wir bei dem nunmehr nachgewiesenen lautgesetzlich bedingten Auftreten der Konsonantstämme nicht umhin können, bei diesen Konsonanzen für alle in Frage kommenden Fälle (also part. sg., ess. sg., inf. I, II usw.) konsonantstämmige Bildungsweise als das Ursprüngliche und Regelrechte anzunehmen.

Eine genügende Grundlage zu einer solchen Schlußfolgerung haben wir auch bei einigen Konsonanzen mit *k* als zweitem Glied, wie *lk, ηk* (geschrieben *nk*), *sk,* von denen sich ja konsonantstämmige Beispiele, wenn auch nur vereinzelt, so doch immerhin, finden (s. o. § 48), und zwar betrifft dies wiederum zunächst nur die Wortstämme mit dem Themavokal *e.* Auch für *e*-Stämme, die *j, v, η* als letzten Konsonanten aufweisen resp. aufwiesen, läßt sich auf Grund der oben (§ 49) erwähnten Anhaltspunkte die gleiche Schlußfolgerung ziehen.

Erwähnt sei hier noch, daß auch Ojansuu, Vir. 1917, S. 105/6 auf Grund von Formen wie tverkar. *k'ül't'ä*, olon. *puollun*, fi. *hennään* (s. o.) solche alten Flexionsformen annimmt wie **oltta*, **olla* part. ess. sg. von *olki*, **kurtta*, **kurna* part. ess. sg. von *kurki*, **onna* ess. sg. von *onki*, **kullut* part. praet. act. von *kulkea*, **süllüt* part. praet. act. von *sylkeä*, **tunnut* part. praet. act. von *tunkea* und unter Vorbehalt („arvatenkin") solche Formen anfügt wie **kortta* part. sg. von *korpi*, **kilttä* part. sg. von *kilpi*, **küllüt* part. praet. act. von *kylpeä*. Zu diesen Fällen mit Konsonanz auf *p* verweist er auf mordv. M *kur'tams*, *k'irtams* E *kər'tams* 'sengen, versengen', das unter der Voraussetzung, daß *r't*, *rt* auf *rpt* zurückgeht, mit mord. E *kurvams* zusammengestellt werden könnte. (Mir erscheint diese mordwinische Parallele in ihrem Beweiswert freilich fragwürdig, da doch der Schwund von *p* in der Konsonanz *rpt* ein rein mordwinischer sekundärer Lautvorgang ist, der überdies kaum irgendetwas mit Stufenwechsel zu tun hat.)

Übrigens ist Ojansuus in diesem Zusammenhang gegebener chronologischer Ansatz von besonderem Interesse: „Vermutlich sind konsonantstämmige Formen in derartigen Fällen im Urfinnischen ('alkusuomessa') nur noch (von mir gesperrt!) dialektisch aufgetreten." Ähnlich äußert sich schon Setälä ÄH bei der Rede über die Konsonantstämme sowie Rapola.

§ 57. Ehe wir uns der Frage der restlichen Konsonanzen zuwenden können, müssen wir uns nunmehr zunächst die Frage vorlegen: wie ist es möglich resp. wie läßt es sich erklären, daß konsonantstämmige Bildungen ursprünglich so häufig auftreten konnten? Wie bereits festgestellt, ist es doch so, daß später die konsonantstämmigen Bildungen entweder wegen des in ihnen „verstümmelten" oder undeutlich gewordenen Charakters von Wortstamm oder Suffix immer mehr durch die durchsichtigeren, Wortstamm und markantes Suffix aufweisenden vokalstämmigen Bildungen ersetzt wurden. Wie kommt es denn dann, daß konsonantstämmige Bildungen überhaupt jemals in so großem Umfange entstehen konnten? resp. — falls sie gar nicht erst früher einmal sekundär entwickelt sind, sondern als spontane Wechselformen von jeher bestanden haben — überhaupt jemals existieren konnten? Verhält es sich so, daß erst durch später eingetretene

Assimilationen und Verschmelzungen die Stämme resp. Endungen in der erwähnten Weise verstümmelt bzw. verschwommen wurden, so daß der Vokalstamm verallgemeinert d. h. gewissermaßen der Themavokal auch in den betreffenden ursprünglich konsonantstämmigen Formen sekundär eingeschoben werden mußte, und zwar als schützende Isolierschicht zwischen Stamm und Endung?

Diese Erklärung erscheint zunächst recht plausibel. Aber nicht nur das. Sie erscheint sogar tief in den Tatsachen begründet. Es wäre ja die Auffassung sehr gut denkbar, daß sowohl die Assimilationen wie auch der Einschub des Themavokals als eine Art „Puffer-" oder „Hilfsvokal" in den betreffenden Formen Folgeerscheinungen eines und desselben Strebens der Sprache wären, nämlich des Strebens zur Erleichterung schwieriger bzw. einer veränderten Sprachstufe nunmehr schwierig erscheinender Konsonanzen (vgl. den Einschubvokal im Estnischen und Ungarischen bei Konsonanz am Wortende, im Ungarischen auch bei Konsonanz zu Wortbeginn). Eine solche „ratio" des Auftretens der Vokalstämme würde, negativ gesehen, gleichzeitig die ratio für das Auftreten der Konsonantstämme in sich schließen: Konsonantstamm wäre demnach dort aufgetreten, wo die zusammenstoßenden Konsonanten für die Sprache bzw. für die jeweilige Sprachstufe „tragbar" waren. Da sich früher nachgewiesenermaßen mehr Konsonantstämme fanden, wären eben früher „schwerere" Konsonanzen für die Sprache tragbar gewesen als später, was eben wiederum indirekt durch die Tatsache gestützt zu werden scheint, daß später solche „schweren" Konsonanzen außer durch Einschub von Hilfsvokalen auch durch Verschmelzungen (z. B. _*lapsna_ > _lasna_ < _lassa_) „erleichtert" worden wären.

An sich ist diese Erklärung also sehr wohl möglich und wir werden auch unten passim wieder auf sie in anderem Zusammenhang zurückkommen. Aber neben ihr müssen wir noch eine andere Erklärungsmöglichkeit in Betracht ziehen, die freilich nur für den annehmbar ist, der für frühere Sprachperioden einen ausgedehnteren Stufenwechsel anerkennt, wie er jedenfalls noch für das Gemeinfinnische z. B. auf Grund zahlreicher baltischer Lehnwörter angenommen werden muß.

Demnach würde die Annahme, daß solche Konsonantenverbindungen wie *pst*, *psn* usw. ursprünglich überall, wo *ps* mit *t* und *n* zusammenstieß, wirklich bestanden hätten, durchaus nicht als so unbedingt sicher und jedenfalls nicht uneingeschränkt gelten. Es liegt dann nahe, anzunehmen, daß in diesen Verbindungen immer schon mindestens in gewissen Fällen „schwache“ oder auch „starke“ assimilierte Stufe des *p* resp. *ps* usw. am Silbenende aufgetreten ist (über die Frage betreffs „starker“ oder „schwacher“ Stufe in solchen Fällen vgl. etwa Rapola, SKH S. 141/42, oder Setälä, FUF XII; vgl. auch unsere Ausführungen zu *ŋk* § 48 sowie § 39). Mag also auch diese oder jene weitere sekundäre Assimilation früher oder später erfolgt sein (z. B. *rn* > *rr* u. ä.); so scheint es doch andererseits ebenso sicher, daß auch in der frühesten Periode nicht immer unverändertes *ps*, *ks* usw. vor dem Suffix gestanden haben, sondern daß sich hier ganz spontan von Anfang an auch eine „schwächere“ resp. assimilierte „starke“ Stufe dieser Konsonanzen gefunden hat und daß damit die gesamte, aus Stammkonsonanz und konsonantischem Suffixanlaut bestehende Konsonanz von Anfang an nicht in allen Fällen so „schwer“ war: diese Auffassung macht dann auch das Zurücktreten der Konsonantstämme viel begreiflicher, indem sie es ganz unserer obigen Erklärung entsprechend verstehen läßt. Bei dem allmählich einsetzenden morphologischen Erstarren des früher phonetisch lebendig gewesenen Stufenwechsels sowie bei der späteren Verallgemeinerung bald der assimilierten, bald der nicht assimilierten Konsonanz wurden die „krassesten“ Stufenwechselfälle und sonstigen Wechselfälle durch Ausgleichung nach der einen oder der anderen Richtung, d. h. nach der schwachen oder nach der starken Stufe, resp. nach der assimilierten oder der nicht assimilierten Form, ausgeglichen, wie Beispiele wie *kaura* bzw. *kakra* u. ä. oder *linna*, *mämmi* einerseits und Sestn. *lĭn*, estn. *loim* (vgl. *Loimaa*) andererseits (vgl. oben § 39) deutlich zeigen, und zwar geschah dies deshalb, weil dem Sprachbewußtsein eben bei dem Verlorengehen des lebendigen phonetischen Charakters des Stufenwechsels (er erstarrte zu einer mehr oder weniger nur noch morphologischen Erscheinung) allzu große Schwankungen in der Gestalt des Stammes nicht mehr so geläufig und verständlich bleiben konnten wie früher. Wir kämen also von diesem Standpunkt aus auf die Erklärung zu, daß durch den früher lebendig gewesenen Stufenwechsel das ursprünglich viel ausgedehntere Auftreten der Konsonantstämme deshalb möglich war, weil damals Schwankungen des (letzten) Stammkonsonanten oder auch des (anlautenden) Suffixkonsonanten das Gefühl für die Zusammengehörigkeit der verschiedenen Flexionsformen nicht beeinträchtigten, wie dies später nach dem Aussterben einer Reihe von konsonantischen Wechseln und der Beschränkung des Stufenwechsels auf einige morphologisch erstarrte Reste der Fall war; und so stellen sich schließlich auch bei denjenigen Stammeskonsonanzen, für die wir bisher noch keine konsonantstämmigen Bildungen nachgewiesen haben, diese nunmehr wenigstens als möglich heraus, besonders wenn wir bedenken, daß ihre sämtlichen zweiten Komponenten in konsonantstämmigen Bildungen belegt sind. Über diese sowie überhaupt betreffs der natürlich oft nur mehr oder weniger vermutbaren Gestalt solcher schwache oder assimilierte starke Stufe aufweisenden konsonantstämmigen Bildungen könnte nur eine Spezialuntersuchung Aufschluß geben. Nur eine solche könnte uns möglicherweise darüber unterrichten, wann die Konsonanzen als solche, also in unassimilierter starker Stufe, wann in assimilierter starker Stufe und wann in schwacher Stufe auftreten. Um nur ein Problem anzudeuten, sind wir gar nicht darüber orientiert, in welcher Gestalt eigentlich der letzte Stammkonsonant vor *n*-Suffix, und hier wieder vor offenem einerseits und vor geschlossenem andererseits, regelrecht auftrat; vgl. etwa (vorauszusetzendes) **kastenna* sowie *lassa*, *juossut* auf der einen Seite, und fi. **üünä*, estn. *teinud*, *näinud* auf der anderen Seite.

In gewissen Fällen scheinen sich Schlüsse auf recht alte Verhältnisse zurück ziehen zu lassen, und zwar in solchen Fällen, wo heute als Reste uralter Wechselfälle zwei Parallelgestalten ursprünglich eines und desselben Wortes auftreten, wie z. B. bei *joeksin* und *joutsen*: ersteres geht zurück auf einen Stamm *i̯oekt'ś-*, letzteres auf einen Stamm *i̯oŋt'ś-*; und zwar dürfte ersteres 'starke' Stufe ohne vorhergehenden Nasal, wie sie sich am Silbenende, also bei Konsonantstämmigkeit fand, letzteres 'schwache' Stufe mit Nasal darstellen (wie der Wechsel des Stammesvokals zu erklären ist, braucht uns hier nicht zu interessieren). Es dürfte sich also, bei Weglassung des sicher sekundären Ableitungssuffixes *-en*, etwa um ein Paradigma, das den gen. **i̯ou̯t'śen* und den part. **i̯oek't'śta* aufwies, gehandelt haben. Jedenfalls lassen solche, heute in doppelter Gestalt auftretenden, ursprünglich einheitlichen Wortstämme darauf schließen, daß sich früher auch bei den kompliziertesten Konsonanzen konsonantstämmige Formen fanden.

Abschließend möchten wir noch einmal feststellen, daß wir diese reichlicheres früheres Vorkommen des Stufenwechsels voraussetzende Erklärung des früheren häufigeren Auftretens der Konsonantstämme zwar nur alternativ neben der anderen Erklärung aufstellen, die für frühere Sprachperioden die Möglichkeit 'schwererer' Konsonanzen (d. h. von Konsonanzen mit heterogeneren und zahlreicheren Komponenten) als heute voraussetzt, daß wir sie aber doch für die wahrscheinlichere halten, obwohl sie im einzelnen noch mit zahlreichen Unklarheiten über die ursprüngliche Gestalt der so zusammentreffenden Konsonanten belastet bleibt (prinzipiell dagegen ist es klar, daß die so zusammentreffenden Konsonanten bei größerer Ausdehnung des Stufenwechsels eine geschwächte und damit erleichterte Gestalt aufwiesen).

§ 58. Mit der Feststellung aber, daß konsonantstämmige Bildungsweise sich ursprünglich bei allen Stammeskonsonanten vor den einschlägigen Suffixen jedenfalls bei den Stämmen mit dem Themavokal *e* gefunden haben dürfte, wird unser obiges (§ 55 gegen Ende) Lautgesetz, daß vor Suffixen silbischen Charakters mit einfachem konsonantischem Anlaut bei zwei- und mehrsilbigen *e*-Stämmen mit *h*, *k*, *l*, *m*, *n*, *r*, *s*, *t* als letztem Konsonanten regelrecht Konsonantstamm auftritt, zwar nicht aufgehoben, aber doch als viel zu eng gefaßt erwiesen; und zwar hat es zunächst den Anschein, als ob bei den *e*-(*e̯*-)Stämmen unabhängig von der Silbenstellung und auch unabhängig von der Quantität der vorausgehenden Silbe vor Suffixen silbischen Charakters mit einfachem konsonantischem Anlaut ursprünglich der Themavokal durchgängig aus irgendwelcher Ursache (hierüber später) geschwächt gewesen ist, so daß er entweder sofort oder allmählich, nachdem er etwa als eine Art Murmelvokal aufgetreten war, geschwunden ist.

Warum ist denn nun diese Synkope nur vor silbischen Suffixen mit einfachem konsonantischem Anlaut eingetreten? Warum ist sie nicht auch vor anders gearteten Suffixen, etwa solchen mit Konsonanz im Anlaut, eingetreten? Denn der Sprache ist doch kaum eine solche, sagen wir — Voraussicht zuzutrauen, daß sie einen an sich zu erwartenden Lautwandel sozusagen im Hinblick auf daraus drohende spätere Komplikationen, in diesem Falle im Hinblick auf daraus erwachsende schwierige Konsonantenhäufungen, ungeschehen ließe; denn solche Konsonantenhäufungen konnten ja dann wieder vereinfacht werden, wie z. B. im Livischen geschehen ist (z. B. *vāldа* < **valke̯ðа*). Man vergleiche auch die

Synkopierungen im Estnischen und Wepsischen, die ohne Rücksicht auf dem Vokal folgende Konsonanzen durchgeführt sind.

Hier ließe sich höchstens denken, daß genau so wie im Estnischen (oder in den permischen Sprachen oder im Ungarischen) der an solchen Stellen ausgefallene Vokal analogisch restituiert wurde. Aber auch die Möglichkeit besteht, daß die betreffende Synkopierung schon abgeschlossen war, als die bekannten Suffixe mit Konsonanz im Anlaut entstanden; denn wir müssen ja bedenken, daß die Synkopierung in einer sehr frühen, weit vor der urfinnischen Periode liegenden Zeit stattfand. Diese Suffixe sind nämlich sämtlich zusammengesetzt und als solche selbstverständlich erst sekundär entstanden.

Daß tatsächlich dieser chronologische Gesichtspunkt wichtig ist, ersieht man m. E. aus der Tatsache, daß wohl gerade deshalb der Illativ, der bekanntlich der am spätesten entstandene innere Ortskasus ist, nie Konsonantstamm zeigt, obwohl sein Suffix doch nur mit einem Konsonanten beginnt (vgl. etwa **kasteγesen*, während *kasteksen* sich nirgends findet).

Aus diesem frühen Eintritt der Synkopierung erklärt sich auch der Umstand, daß sie bei zahlreichen Ableitungssuffixen wie den Adjektivsuffixen *-era*, *-ela*, *-eδa* usw. und den Nominalsuffixen **-ek*, *eh* usw. nicht eingetreten ist (vgl. auch § 53 vorletzter Absatz sowie unten passim).

Übrigens scheint es einen freilich vereinzelten Fall zu geben, wo vor relativ altem (jedenfalls höheres Alter als der Illativ aufweisendem) mit Konsonanz anlautendem Flexionssuffix Konsonantstamm steht: ich denke an lappische Formen wie *luksă* < *lulksă* und **vūlus* < **vulksă* — falls diese Formen nicht analogisch nach *lul`nē* und *lul`tē* u. ä. gebildet sind.

Zu unserem chronologischen Ansatz paßt auch sehr gut die oben (§ 56) von Ojansuu (Setälä, Rapola) angeführte chronologische Bemerkung, daß im Urfinnischen gewisse konsonantstämmige Formen nur noch dialektisch auftraten.

5. Kapitel (§§ 59—63).

Synkopierungsgesetz für die zweisilbigen e-Stämme.

§ 59. Nun drängt sich ohne weiteres die Frage nach den *a*-(*ä*-)-Stämmen auf. Wir haben ja auch bei diesen eine Reihe von konsonantstämmigen Parallelen festgestellt. Sie sind aber hier unvergleichlich viel weniger zahlreich als bei den *e*-(*ẹ*-)Stämmen. Das Belegmaterial läßt hier eine gewisse, besonders in der Frequenz bestehende Verschiedenheit bei den zweisilbigen Stämmen einerseits und den drei- und mehrsilbigen andererseits erkennen. Bei den zweisilbigen *a*-(*ä*-)Stämmen beschränken sich die konsonantstämmigen Parallelen fast ausschließlich auf verbale Stämme mit *t* als letztem Konsonanten, sei es nun, daß *t* allein steht oder als zweites Glied einer Konsonanz auftritt (das Material siehe oben, vgl. etwa *tietä*, *tieten*, *tuta*, *letä*). Außerdem gibt es sonst noch vereinzelte konsonantstämmige Parallelen zu zweisilbigen *a*-(*ä*-)-Stämmen: *seistä*, *seissyt* von einem sonst (ursprünglich) *a*- (resp. *ä*-)-stämmigen Verb, das bekanntlich heute als *o*-Stamm auftritt (ähnlich wie *uskoa*, *valvoa* usw. wohl solche ursprünglichen Stämme wie *uska*-, *valva*- neben sich hatten; vgl. Ojansuu, STEP 1919 [1920] S. 84ff.), *piestä* neben *pieksää* (praes. heute meist *pieksen*), und dann vor allem *älä* neben *älkää* usw. — nach Ausweis des Mordwin. und Lapp. alter *a*-Stamm —, part. sg. *kystä* neben nom. sg. *kypsä* (und *kypsi*, *kypsen*). Möglicherweise hatte der Name *Suomi*, von dem der alte part. sg. *Suonta* bekannt ist, nach dem Wort *suomalainen* zu schließen, einmal die Gestalt *Suoma*. Dies ist jedoch sehr unsicher, da wahrscheinlich das *a* zum Suffix gehört (also Suffix -*alainen*, nicht nur -*lainen*). Man vergleiche das lappische Suffix -*ēlat'ś* (siehe Wiklund, FUF I S. 86/87 Nr. 12). Ferner sei nochmals an die bereits oben angeführten Beispiele estn. *ustav*, *ustavus* vom Stamm **uska*- (? vgl. *uskoa*) und fi. *ystävä* vom Stamm *yskä* (?) sowie, um noch Beispiele aus der Wortableitung anzuführen, an *raiska* und *haiska* von *raja* bzw.

haja erinnert. Weiterhin haben wir von den Stämmen *ala* und *ylä* die part. sg. *alta* und *yltä* sowie die ess. sg. *alla* und *yllä*. Vor allem kommt hier selbstverständlich die ablat.- und adess.-Endung sowie vielleicht auch die excess.-Endung z. B. in *takanta*, estn. *tagant*, *luonta* in Frage (wegen starker Stufe von *k* in *takanta* aber möglicherweise späte Synkope!). Schließlich entspricht dem lp. N. *avve* das fi. *vyö*, was nur dadurch möglich ist, daß der als ursprünglich vorauszusetzende *a*-Stamm auch einen konsonantischen „Kurzstamm" (siehe oben § 49) neben sich aufwies. Ganz entsprechend verhält es sich bei den für fi. *työ*, *hyy*, *täi*, *myö-*, *pii*, *pää*, *maa*, *muu*, *kyy*, *voi*(*da*) und *vie*(*dä*) vorauszusetzenden ursprünglichen Stämmen, falls dies tatsächlich ursprünglich *a*-Stämme waren (vgl. z. B. Wiklund, Urlapp. Lautlehre S. 310 bis 318) und sie nicht engen Themavokal aufwiesen. So ließe sich zweifellos noch dies und jenes Beispiel auffinden.

Reichlicheres einschlägiges Material haben wir jedoch auf alle Fälle bei den drei- und mehrsilbigen *a*-Stämmen. Hier finden wir bei verbalen *a*-(*ä*-)-Stämmen mit *t* als letztem Konsonanten (sowohl alleinstehendes *t* wie bei *tavata* usw. als auch *t* als zweites Glied einer Konsonanz wie bei *rakentaa*) und bei adjektivischen *a*-Stämmen mit *m* als letztem Konsonanten noch in der heutigen Schriftsprache meist durchgängig konsonantstämmige Varianten (*vasen*, *lämmin*, Superlative, Karitive), außer beim Typ *rakentaa*, wo sie heute so gut wie verschwunden sind (vgl. jedoch z. B. *Jumala paratkoon*!).

Außerdem finden sich dialektisch im Finnischen sowie vereinzelt in der älteren Schriftsprache und in den anderen ostseefinnischen Sprachen, hier ebenfalls meist nur dialektisch, besonders im Estnischen, auch sonst konsonantstämmige Varianten von *a*-Stämmen.

Man denke an Nomina wie *ahven*, *sammal*, *kämmen*, die in südwestfinnischen und Südhäme-Dialekten (vgl. hierzu etwa Kettunen, Suom. Murt. II 40), aber auch im Estnischen (das letzte Wort hier in der Form *kämmal*, gen. *kämbla* neben *kämmel*, gen. *kämble*) *a*-stämmig vorkommen. In einigen estnischen Dialekten (Tarvastu, Kõpu, Kolga-Jaani und sonst in einigen nordestnischen Dialekten) weist eine Reihe drei- und mehrsilbiger Stämme, und zwar Nomina mit (ursprünglichem) *ks*, *s*, *m* und Verba mit *ts*, *l*, *n* als letztem Konsonanten (resp. als letzter Konsonanz) statt des gewöhnlichen *e* den Vokal *a* auf: *varèssa pesä̂* fi. 'variksen pesä', *i̯änèssä* (*i̯änèssɛ*) fi. 'jäniksen', *rî i̯alàssa* 'reen jalakset', *oràssal* 'oraksella', *se̯rmùssa* 'sormuksen', *oʙèsaᴅ* 'hevoset', *siᴅèmaᴅ*, *puᴅènavaᴅ*, *kõnèlaʙ*, *valìtsa₍i̯a* (Kettunen, Eest. Kiel. ÄH², S. 152/53 § 343, vgl. auch Ojansuu, Mém. 30 Nr. 17 S. 14). Auch aus dem Wotischen ist der Typ *kai̯ttsamā* fi. 'kaitsemaan', *vali₍tsan* fi. 'valitsen' bekannt (Kettunen, Vatj. ÄH² S. 140 § 357; vgl. auch ders., Vir. 1924 S. 65, wo auch der Frequentativtyp *-la* für das Wotische auf Grund krevinischer Aufzeichnungen als möglich angenommen wird). Im Wepsischen findet sich der Typ *avad'im* : *avad'imad* (neben *avad'imed*) fi. 'avain, avaimet', *vid'im* : *vid'imad* (Setälä, ÄH S. 399, der allerdings hier nur einen sekundären Übergang sieht, aber die nomina instrumenti dürften ursprünglich *a*-Stämme gewesen sein, vgl. Ravila, FUF XXIV). Bekannt ist weiterhin, daß die Ordinalia im Estnischen auch in der Schriftsprache *a*-stämmig sind (freilich in der alten Schriftsprache *e*-stämmig, so daß wohl spätere Assimilation vorliegt: *-ande-* > *-anda-*). Man vergleiche ferner die *a*-stämmigen Varianten der part. perf. act. in finnischen Dialekten und in der alten Schriftsprache. Schließlich sei noch auf den finnischen gen. pl. *Jumalten* hingewiesen sowie auf Wiklunds Bemerkung FUF I S. 98: „Die finnischen Partitive von dreisilbigen Stämmen auf *-la* würden demgemäß (d. h. auf Grund solcher lappischer Formen wie Nlp. *olgold*, *goabbĕld* usw.) nicht auf *-lata* ausgehen, sondern auf **-lta*." Selbstverständlich ist bei mehreren der vorgenannten Fälle, besonders bei den estnischen Beispielen, der etwaige Einwurf sekundärer Entstehung nicht von der Hand zu weisen (über sekundäre Vermengungen vgl. passim, insbes. §§ 96, 97).

Recht wichtig erscheint uns hier noch der Hinweis auf die Verhältnisse im Lappischen, wo bekanntlich bei ungleichsilbigen Stämmen ursprünglich *a* und *e* (heute Nlp. *ii* und *å*) miteinander wechseln, was auch den Verdacht alter Vermengung von *a*- und *e*-Stämmen nahelegt.

§ 60. Wie läßt sich nun dieser Befund für die Beurteilung unserer Frage nach dem als ursprünglich anzusetzenden Stand der konsonantischen Parallelen der *a*-Stämme auswerten?

Die Beschränkung der konsonantstämmigen Varianten auf bestimmte Stammestypen: verbale Stämme mit *t* und adjektivische Stämme mit *m* als letztem Konsonanten (Superlative, Karitive und vereinzelte Adjektive sowie ursprünglich auch nomina instrumenti) ist nicht zu leugnen. Dieser spärliche Befund (hinzu kommen, wie wir soeben gesehen haben, nur vereinzelte Beispiele, die, sei es als sekundäre, sei es als eventuell anders zu erklärende Fälle, zum Teil unsicher sind und auf die sich daher nicht viel bauen läßt, zumal *e*-stämmige Varianten meist neben ihnen auftreten) mahnt bei Rückschlüssen auf frühere Verhältnisse zur äußersten Vorsicht. Dazu kommt die soeben konstatierte größere Frequenz bei drei- und mehrsilbigen Stämmen (wobei, wie gesagt, bei der Silbenzahl der Vokalstamm der casus obliqui zugrundegelegt wird), also bei im wesentlichen abgeleiteten Stämmen. Und tatsächlich sind die konsonantstämmigen Varianten der drei- und mehrsilbigen *a*-Stämme auf bestimmte Ableitungstypen, die „kontrahierten" Verba auf *-ta'* und die genannten abgeleiteten adjektivischen Bildungen beschränkt. Wir werden aber noch sehen, daß Ableitungen in unserer Frage einer besonderen Beurteilung unterliegen. Doch ist von vornherein klar, daß sich aus den Auslautsvokalverhältnissen bei Ableitungen nicht ohne weiteres Schlüsse auf ursprüngliche Stammesauslautsverhältnisse ziehen lassen.

Wie steht es aber nun bei den zweisilbigen Stämmen? Hier wird die Kerntruppe der konsonantstämmige Varianten aufweisenden *a*-Stämme von Verba mit *t* als letztem Konsonanten gebildet. Bedenken wir nun, daß die meisten konsonantstämmigen Varianten sich vor Suffixen, die mit *t* (resp. dessen schwacher Stufe) anlauten, finden, so liegt hier der Verdacht sekundärer haplologischer Bildungen nahe: so lautete bekanntlich der Infinitiv *tietää* ursprünglich **tētäδäk*, das Passiv von diesem Verb lautete nach der heutigen Ansicht zwar **tēδetäksen*, wir werden jedoch unten wahrscheinlich machen, daß es ursprünglich wohl **tētäδäksen* lautete. In einer Sprachperiode, als das *δ* nach zweiter Silbe noch nicht geschwunden war, stießen hier also zwei nahezu gleichlautende Suffixe aufeinander (für denjenigen, der das hohe Alter des Stufenwechsels leugnet und der demgemäß *t* in beiden Formen an Stelle des *δ* erwartet, sind es sogar zwei vollkommen gleichlautende Silben). Durch die daneben stehenden drei- und mehrsilbigen Ableitungen auf *-ta* mit ihren konsonantstämmigen Varianten wurde natürlich der Anreiz zur Haplologie nur noch erhöht. Von diesen Formen aus konnte sich dann der Konsonantstamm leicht auf andere Formen nach Analogie der konsonantstämmigen Varianten der *e*-Stämme ausbreiten.

Dies alles veranlaßt uns, mögen sich selbst noch diese oder jene konsonantstämmigen Varianten von *a*-Stämmen, vornehmlich aus dem Estnischen, beibringen lassen, zu dem Schluß, daß für die *a*-Stämme sich kaum das gleiche Vokalschwundgesetz aufstellen läßt wie für die *e*-Stämme. Dies ist auch nicht weiter verwunderlich; denn *a* ist ein viel sonorerer Laut als *e*, während dieses neben *i* am meisten der Synkope ausgesetzt ist. Ebenso erklärt sich wohl das Fehlen alter Synkope bei den anderen Vokalen, also bei *o* (*ö*) und *u* (*y*); denn bei allen diesen Lauten von sekundärem Aufkommen zu sprechen, wie Ravila dies so leichthin tut („Da meiner Auffassung nach *o*, *ö*, *u*, *ü* und *i* der nichtersten Silbe auf ostseefinnischer Seite Vokale späten Ursprungs sind ..." [Sperrung von mir] FUF XXIII S. 60), erscheint uns ohne genügende in der Wissenschaft übliche Begründung allzu gewagt. Nicht zu leugnen ist allerdings, daß unsere vorstehenden Ausführungen geeignet sind, der autoritären Behauptung Ravilas nachträglich in gewissem Umfang eine sachliche Grundlage zu liefern.

Daß sich wiederum auch bei *i*-Stämmen keine Synkope findet, braucht deshalb nicht zu befremden, weil der Auslautvokalismus der wenigen einheimischen Wörter mit *i*-Stamm in seiner Vorgeschichte noch nicht genügend geklärt ist und durchaus die Möglichkeit besteht, daß wir es auch bei diesen wenigen Stämmen, zum mindesten teilweise, nicht mit ursprünglichen *i*-Stämmen, sondern mit ursprünglichen Diphthongstämmen zu tun haben (man vergleiche nur z. B. das kurze *i* im Plural und Imperfekt der *e*-Stämme, das wohl aus Diphthong entstanden ist).

Außerdem ist es natürlich so, daß für die frühe Periode, für die wir diese Synkope ansetzen, d. h. für eine Zeit weit vor der urfinnischen Periode, ev. schon permischfinnische Zeit, sich die Qualität des einschlägigen Vokals nicht völlig sicher bestimmen läßt. Sie braucht jedenfalls nicht präzis dem heutigen *e* entsprochen zu haben, sondern wir können höchstens soviel mit Bestimmtheit sagen, daß es sich um einen engen Vokal gehandelt haben muß. Ja, auch diese Bestimmung ist noch nicht unverbindlich genug, da mindestens zwei enge Vokale, eine vordere und eine hintere Variante (die Vorstufen von *e* und *e̯*), in Frage kommen, vielleicht aber noch mehr Varianten (man bedenke, daß dem Stammesauslauts-*e* [-*e̯*] am Wortende *i* entspricht). Damit verliert aber unser Synkopierungsgesetz alles bisher Befremdliche.

§ 61. Mit unserem Synkopierungsgesetz ist nun freilich die Frage der Konsonantstämme noch nicht genügend geklärt. Eine Reihe Probleme bleiben noch bestehen. Das nächstliegende, sich aus den vorstehenden Ausführungen ergebende ist das Vorkommen der konsonantstämmigen Varianten bei den abgeleiteten *a*- resp. *ä*-Stämmen in den soeben genannten Fällen: Karitive, Superlative, Verba auf *-ta'*. Damit hängt aber weiterhin die Frage nach dem Auftreten des Konsonantstammes im Nominativ vieler abgeleiteten Stämme zusammen, die nicht nur die genannten *a*-(*ä*-)Stammtypen, sondern auch solche *e*-(*e̮*-)stämmigen Ableitungstypen wie *sade'*, *manner*, *puras*, *kallis* usw. betrifft. Ließe sich nun hier immerhin nach dem Übergang des Auslaut-*e* > *i* der durchgängige Abfall dieses *i* nach hinterer Silbe theoretisch verstehen (er wäre natürlich aus den Tatsachen zu beweisen, was u. E. kaum möglich ist, siehe unten), so läßt sich der Abfall des *-a* überhaupt nicht begreifen, wenn wir uns solche Fälle wie die Ableitungssuffixe *-ma*, *-ra*, *-la*, *-e̮ða*, *-na* (mit ihren respektiven vordervokalischen Varianten), ferner die Flexionssuffixe auf *-a* (*-ä*) mit ihrem weithin bewahrten *a* (*ä*) vor Augen halten. Überdies läßt sich die zur Erklärung dieses angeblichen Schwundes von Auslaut-*a* ad hoc angesetzte Lautwandelsukzession *a* > *e* > *i* > *ø* nicht bindend erhärten (s. u. § 83).

Schon alle diese Erscheinungen legen nahe, daß das Auftreten der konsonantstämmigen Varianten bei den Drei- und Mehrsilbern eventuell anders zu erklären ist als bei den Zweisilbern. Dazu veranlassen aber noch andere Erwägungen.

§ 62. Zweifellos liegt die Ursache einer Synkopierung immer in den Akzentverhältnissen, und so muß es auch hier sein.

Wie steht es nun aber mit den ursprünglichen Akzentverhältnissen, d. h. mit den Akzentverhältnissen etwa in der wolgafinnischen oder in der permischfinnischen Periode?

Heute ist bekanntlich in den ostseefinnischen Sprachen die zweite Silbe unbetont, während die erste Silbe den Haupt- und die dritte oder unter Umständen die vierte den Nebenton trägt. Diese Betonungsverhältnisse haben, wie allgemein anerkannt ist, tiefe Spuren im Lautsystem der ostseefinnischen Sprachen hinterlassen, so daß sie unbedingt sehr alt sein müssen. Diese Auffassung wird noch dadurch gestützt, daß auch im Lappischen die Akzentverhältnisse entsprechend sind und bekanntlich derartige Akzentverhältnisse auch das lappische Lautsystem tiefgreifend beeinflußt haben. Ähnlich weisen doch wohl die mordwinischen Akzentverhältnisse zunächst auf Betonung der ersten Silbe, und weiterhin hat sicher auch im Urpermischen der Akzent fest auf der ersten Silbe geruht, da sonst nicht die regelrechte Apokope des Auslautvokals in zweisilbigen Wörtern verständlich wäre (vgl. Lakó, A permi nyelvek szóvégi magánhangzói, Finnug. Értek. 2 S. 55/56, Wichmann, Vokalismus, 93). Nun hat freilich bekanntlich Setälä (Journ. Soc. Finno-Ougr. XIV) angenommen, daß im Finnischugrischen einst der Akzent nicht fest gewesen sei, mit welcher Annahme er gewisse Vokalwechselfälle der ersten Silbe erklären will und Paasonen (Mordwinische Lautlehre S. 114—119, FUF XIII Anzeiger S. 23, dagegen Šachmatov, Мордовскій этнограф. сборникъ S. 773 § 120) scheint ähnliche Wege gehen zu wollen. Wenn wir aber die genannte weitgehende Übereinstimmung zwischen Ostseefinnisch und Lappisch wie auch diejenige zwischen diesen Sprachen und Urmordwinisch und Urpermisch (wie im Urpermischen ist doch zweifellos auch im Mordwinischen die in einzelnen Fällen zu beobachtende Vorrückung des Akzentes erst im Eigenleben des Mordwinischen, wenn auch vielleicht schon sehr früh im Urmordwinischen, eingetreten und schließlich braucht auch Paasonens Ansicht keinesfalls dasselbe zu bedeuten wie die Setäläs: bei Paasonen ist ja nur die Rede davon, daß bei *u* oder *i* [resp. bei aus diesen entstandenen *ə̂* oder *ə*] in der ersten Silbe, falls überdies weiter hinten im Worte *a* resp. daraus entstandenes *ä* auftrat, der Ton auf letzteres von der ersten Silbe „vorgerückt" sei. Was also bei Setälä als Ursache auftritt, nämlich der angeblich aus der Ursprache ererbte bewegliche Akzent, ist bei Paasonen erst die Folge. Somit ist auch nach Paasonen, wenn ich ihn recht verstehe, der Akzent erst sekundär in gewissen Fällen „vorgerückt" [d. i. von der ersten Silbe auf eine der hinteren Silben verschoben], wenn auch freilich bereits im Urmordwinischen [aber auch nicht früher!]) in Zusammenhang mit den schwerwiegenden Umständen berücksichtigen, daß jene besagten Akzentverhältnisse besonders im Lautsystem des Finnischen wie des Lappischen tiefe Spuren hinterlassen, ja ihnen zum großen Teil das Gepräge gegeben haben, daß ferner gerade das Lappische und das Finnische, in denen jenes Akzentsystem am treuesten erhalten geblieben ist, so grundlegende Züge des finnischugrischen Lautsystems wie den Stufenwechsel und das Finnische überdies die Vokalharmonie so relativ treu und jedenfalls weitaus am besten von allen finnischugrischen Sprachen bewahrt haben, so läßt dies alles u. E. keine andere Schlußfolgerung zu als die, daß die Akzentverhältnisse des heutigen Ostseefinnischen und Lappischen im wesentlichen auch für die fi.-ugrische Ursprache, jedenfalls aber zum mindesten im Finnisch-permischen, gegolten haben müssen, mögen nun die von Setälä konstatierten oder besser nur vermuteten Vokalwechselfälle der ersten Silbe im Finnischen sonstwie zu erklären sein. Daß dann in zahlreichen anderen fi.-ugrischen Sprachen, die aber auch sonst die phonetische Eigenart des Urfinnischugrischen heute mehr oder weniger verleugnen oder verdeckt haben, der Akzent sich verlagert hat und vor allem oft beweglich geworden ist, und zwar dies zum Teil schon sehr früh in den respektiven Urperioden, ändert nichts an dieser Feststellung.

Halten wir aber nun daran fest, daß zum mindesten im Finnisch-permischen die Akzentverhältnisse ähnliche wie im heutigen Finnischen und Lappischen gewesen sind, so findet der von uns konstatierte Vokalausfall in der zweiten Silbe vor konsonantisch anlautendem silbischem Suffix seine ganz natürliche Erklärung in diesen Akzentverhältnissen. Bei Antritt einer (nebentonigen?) dritten Silbe wurde die tonlose zweite Silbe synkopiert.

Die Synkope in dritter Silbe bleibt dagegen unerklärt; denn die wenigen Fälle mit Nebenton in vierter Silbe geben keine zureichende Ursache für die so zahlreichen, ja viel zahlreicheren Fälle der Synkope in dritter Silbe ab, und noch größer wird diese Schwierigkeit bei Synkope noch weiter hinten im Wort.

Wenn wir uns aber nun an die obigen Bedenken betreffs Ursprünglichkeit der Synkope in dritter (resp. hinterer) Silbe erinnern (Flexionsformen abgeleiteter Bildungen, *a*-Synkope, Konsonantstamm im nom. sg.), erscheinen diese aus der Betrachtung der Akzentverhältnisse sich ergebenden Bedenken um so schwerwiegender und somit die Notwendigkeit einer anderen Erklärung der Synkope in hinteren Silben als der in zweiter Silbe erforderlich. Das obige Synkopierungsgesetz muß also so gefaßt werden, daß die Worte „anscheinend unabhängig von der Silbenstellung" durch „in zweiter Silbe" zu ersetzen sind.

Diese Änderung ist schon deshalb nicht weiter verwunderlich, weil eigentlich schon von Anfang an die Fassung unseres Synkopierungsgesetzes betreffs der Silbenstellung zu weit zwar resp. die erste Silbe schon stillschweigend ausgeschlossen war. Da nämlich oben vom Auftreten der Konsonantstämme und damit von Stammesauslautsvokalen die Rede war, fiel dort die erste Silbe überhaupt nicht in den Rahmen der Betrachtung. Wir brauchen hier aber keine besondere Untersuchung anzustellen, um darüber zur Klarheit zu kommen, daß die von uns festgestellte *e*-Synkope in der ersten Silbe nicht für die in Rede stehende frühe Periode in Frage kommt; denn der Vokal der ersten Silbe ist z. B. bis ins heutige Ostseefinnische im allgemeinen erhalten (von sekundären einzelsprachlichen Synkopen abgesehen).

Hieraus geht gleichzeitig hervor, daß für den Fall, daß in der finnischpermischen Sprachperiode der Akzent beweglich gewesen wäre, unser Synkopierungsgesetz unter allen Umständen (d. h. selbst wenn wir es auch auf die dritte und überhaupt die hinteren Silben ausdehnen würden), hinfällig sein müßte, da eben doch sowieso die erste Silbe nie Synkope erlitten hat; denn wäre der Akzent beweglich gewesen, so hätte, wenn einmal in dieser frühen Periode überhaupt eine Synkopierung stattgefunden hat, selbstverständlich auch die erste Silbe in einer Reihe von Fällen von ihr betroffen werden müssen.

Wichtiger aber als diese Schlußfolgerung, die wegen der soeben erfolgten Zurückweisung der These vom freien Akzent (in der betreffenden Sprachperiode) für uns hier praktisch bedeutungslos ist, ist die weiterhin sich hier ergebende Konsequenz, daß die Synkopierung in dritter oder noch weiter hinten befindlicher Silbe auch nicht aus etwaigem freien Akzent erklärbar wäre. Somit bleibt etwaige Synkope in dritter Silbe resp. noch weiter hinten im Wort vom Standpunkt des Akzentes aus auf jeden Fall rätselhaft, ganz gleich, ob der Akzent frei oder beweglich war.

§ 63. Unser Synkopierungsgesetz würde nun also folgendermaßen lauten:

In zweisilbigen *e*-(*e̯*-)Stämmen ist der Stammauslautsvokal unabhängig von der Quantität der vorausgehenden Silbe vor Suffixen silbischen Charakters durchgängig geschwunden.

Über die weggelassene Bestimmung: „[vor Suffixen] mit einfachem konsonantischem Anlaut" siehe oben § 58.

Es kämen also solche Fälle in Betracht wie:

tule̯na* > *tulna

(**tulla*, daß wir im Vorhergehenden einmal anführten, als von urfinnischen Verhältnissen die Rede war, können wir natürlich noch nicht für die hier in Rede stehende finnischpermische Periode ansetzen, da *ln* > *ll* nach Ausweis der baltischen Lehnwörter erst im Gemeinfinnischen eintrat).

tule̯ta* > *tulta

(wie ersichtlich, konnte jedenfalls in der für die Synkopierung in Frage kommenden Periode der Sonderfall des Stufenwechsels(?), bestehend in Schwächung intervokalen einfachen Konsonantens nach zweiter Silbe auch bei offener dritter Silbe, noch nicht eingetreten sein).

tule̯δak* > **tulδak

tule̯nut* > **tulnut (siehe sogleich).

Es ist selbstverständlich, daß die hier angeführten rekonstruierten Formen nur als grob schematisch angedeutete beispielhafte Fälle anzusehen sind. Der Lautstand war sicher im einzelnen in der betreffenden Periode von dem hier gegebenen abweichend (vergleiche das oben über das Auslauts-*e* Gesagte) und auch morphologisch dürften Abweichungen bestanden haben (etwa in der Gestalt des part. praet. act.).

Natürlich stellt diese von uns konstatierte Synkopierung auch eine „Verstümmelung" dar, aber der Unterschied gegenüber der alten „Verstümmelungsthese" besteht eben darin, daß wir diese Verstümmelung versuchen auf eine gesetzmäßige Formel zu bringen, und wirklich nur wenige sporadische Beispiele wie *tietä*, *tietään* aus sporadischem Lautwandel, nämlich in diesem Falle aus Haplologie, erklärten.

6. Kapitel (§§ 64—68).

Genetisches Verhältnis von Vokal- und Konsonantstamm bei Drei- und Mehrsilbern.

§ 64. Wie stand es nun aber ursprünglich bei den drei- und mehrsilbigen Stämmen? Für deren Synkope ließ sich ja keine in den Akzentverhältnissen liegende Erklärung finden. Überdies fiel eine Reihe ihrer konsonantstämmigen Formen (die Fälle mit *a*-Synkope sowie die mit Apokope) ganz abgesehen von den Verhältnissen der Silbenstellung außerhalb des Rahmens unseres Synkopierungsgesetzes.

Es bleibt bei diesen Stämmen nichts anderes übrig, als auf die Ansetzung einer Synkope zu verzichten und demgemäß bei der Erklärung ihres Formensystems vom Konsonantstamm auszugehen. Dies würde, da es sich hier durchgängig um abgeleitete Stämme handelt, weiter nichts heißen, als daß ihr Ableitungsformans „konsonantstämmig" war, d. h. nach dem Konsonantelement resp. nach den Konsonantelementen sich ursprünglich kein vokalisches Element befand, so daß in den vokalstämmigen Formen sekundäre Formen, also Formen, in denen der Vokalstamm sekundär eingeführt ist, zu erblicken wären. Dies betrifft natürlich nur solche Drei- und Mehrsilber, die konsonantstämmige Formen im part. und ess. sg. (meist auch im nom. sg.), resp. im inf., pass., part. praet. act. aufweisen wie *sade*ʻ, *manner*, *aidas*, *kallis*, die Karitive, Superlative, Verba auf *-ta*ʻ usw. und selbstverständlich nicht etwa solche Stämme wie die Substantiva auf *-ma* und *-na* oder die Adjektiva auf *-e̯ða*, *-e̯ra*, *-ara*, *e̯la*, *-ala* (resp. deren vordervokalige Varianten) usw.

Es ist nun selbstverständlich, daß wir nicht etwa der Meinung sind, es hätten jemals solche Formen faktisch bestanden wie *kallisn* (gen. sg.), *kallislla* (adess. sg.), sondern der Vokalstamm ist natürlich im allgemeinen (eine Ausnahme bilden nur solche vokalstämmige Formen, neben denen sich auch alter Konsonantstamm findet, s. im folgenden) spontan mit dem Aufkommen dieser abgeleiteten Bildungen analogisch, auf Grund solcher vokalischer zwei- oder dreisilbiger Stämme eingeführt worden, die ein ähnliches konsonantisches Element vor ihrem Auslautsvokal aufwiesen (*aiδaksę-* auf Grund von *suksę*, *sateγę-* auf Grund von *tuγę-* z. B. in *tuγęn*, *tavaδa-* auf Grund von *taiδa-* z. B. in *taiδan*, *suurima-* auf Grund von *sanoma-* usw.).

§ 65. Für diese analogische Einführung des Vokalstammes wäre es an sich nicht nötig, eine besondere Ursache ausfindig zu machen als diejenige, die mit dem allgemeinen morphologischen Systemzwang gegeben ist. Gleichwohl dürfte hier jedenfalls zum Teil auch noch der Umstand maßgebend gewesen sein, daß sonst solche Konsonanzen im Wortinnern resp. am Wortende entstanden wären, durch die resp. durch deren lautgesetzlich bedingte Umwandlung vor allem die Endungen, aber bisweilen auch der Stamm, ihren deutlich erkennbaren und unterschiedlichen Charakter verloren hätten. Dies werden wir besonders deutlich an dem Unterschied der Vertretung bei Stämmen mit einzelnem Konsonant im Auslaut einerseits und mit Konsonanz andererseits erkennen (vgl. etwa *suurinta* neben *suurempaa* < *suurempaδa* [statt ursprünglich *suurępata*]).

§ 66. Wir werden nun im weiteren Verlaufe der Einfachheit halber kurz von Hilfsvokalen (statt von sekundären oder Hilfsvokalstämmen) sprechen, sowie der Präzisierung halber auch solche Ausdrücke wie Einschubvokal, Themavokal, Bindevokal, Auslautshilfsvokal, Stützvokal u. ä. verwenden.

Daß der „Hilfsvokal“, d. i. der Vokal des sekundär eingeführten Vokalstammes, das eine Mal als „Einschubvokal“ (hier wiederum als „Thema“- oder als „Bindevokal“), das andere Mal als „Stütz“- oder „Auslautshilfsvokal“ auftritt, folgt aus der Natur der Sache.

Nehmen wir als konkretes Beispiel das Ordinale *neljäs*. Der mit dem an sich konsonantischen Formans *-nt-* gebildete ursprüngliche Konsonantstamm würde lauten: **neljänt-*. Dies wäre gleichzeitig die ursprüngliche Nominativform. Der gen. sg. müßte an sich **neljäntn* gelautet haben. Er wird aber ebensowenig wie z. B. der ebenfalls unsilbisches konsonantisches Suffix aufweisende acc. sg. (*-m*) jemals faktisch so gelautet haben, sondern in ihm wird spontan mit dem Aufkommen dieses abgeleiteten Bildungstyps Vokalstamm eingeführt worden sein, und zwar nach dem Muster solcher zweisilbiger *-nte*-Stämme wie etwa *kantę-* (heutiger nom. sg. *kansi*). Der nom. sg. dagegen wird sich jedenfalls so lange in der ursprünglichen konsonantstämmigen Gestalt gehalten haben, als *-nt-* am Wort- und Silbenende als solches erhalten blieb. Als es aber in dieser Stellung > *t* überzugehen begann, trat neben die nunmehr lautgesetzliche Form **neljät* (heute nicht mehr erhalten, vgl. aber *tuhat*) eine Form mit sekundär aus den Kasus obliqui eingeführtem Vokalstamm **neljänte*, deren weitere Entwicklung uns hier nicht interessiert. In diesem letzteren Falle, wo kein Suffix weiter an den Stamm antritt, befindet sich somit selbstverständlich der „Hilfsvokal" d. i. der Vokal *e* des sekundären Vokalstammes am Wortende und fungiert somit als „Auslautshilfsvokal" oder als „Stützvokal", der zur „Erleichterung" der für das Sprachempfinden „zu schwer gewordenen" oder einfach der zu „schweren" Konsonanz dient, d. h. einer Konsonanz, die lautgesetzlich in der Auslautstellung verändert worden wäre; im ersteren Falle, also z. B. im gen. und acc. sowie überhaupt in den casus obliqui fungiert der Hilfsvokal d. i. der Vokal *e* des sekundären Vokalstammes *neljänte-* als „Einschub"- oder „Themavokal" (über „Bindevokal" vgl. unten § 88). (Das Beispiel *neljäs* dient hier lediglich zur Erläuterung der Termini Hilfsvokal, Einschubvokal, Themavokal, Stützvokal, Auslauthilfsvokal, „schwere" Konsonanz, „Erleichterung schwerer Konsonanz"; zur Sache selbst vgl. § 69.)

Obwohl wir uns voll bewußt sind, daß diese Ausdrücke an sich mißverständlich sind, mußten wir sie einführen, um allzu umständliche Ausdrucksweise und ewige Wiederholungen zu vermeiden.

Alle diese genannten bildhaften Redeweisen haben aber vor allem weiterhin den Zweck, die Ursache der jeweiligen Einführung des sekundären Vokalstammes kurz und präzis anzudeuten.

Es müßte nun nach all dem Obigen genügend klar geworden sein, in welchem Sinne wir diese Ausdrücke verwenden und daß wir bei ihnen nicht an Hilfsvokale im alten Wortsinn denken, wie er einer älteren sprachwissenschaftlichen Anschauung entspricht, nach der an das Wort gleichsam ein Vokal wie ein Flicken angestückt oder wie ein Mosaiksteinchen in dasselbe eingesetzt werden konnte. Eine solche Ansicht würde, wie gesagt, einer ganz veralteten, aus der Antike ererbten unorganischen Sprachauffassung entsprechen. Von einer solchen mechanisch-äußerlichen, gleichsam materiellen Auffassung kann natürlich hier keine Rede sein.

Wir stehen also selbstverständlich nicht, um ein konkretes Beispiel zu nennen, auf dem Standpunkt etwa der älteren ungarischen Grammatik, die z. B. das *a* im Typ *lovat* als „Hilfsvokal“ in dem Sinne ansah, daß hier tatsächlich ein Vokal wie von ungefähr ganz unorganisch eingeschoben sei, ohne über den Ursprung dieses Vokals irgend etwas aussagen zu können oder überhaupt dies zu wollen.

Nicht einmal die Ansicht ist diskutabel, daß etwa auch nur die Ableitungssuffixe bald ohne Vokal (im part. ess. nom. sg.), bald mit Vokal (in den übrigen Kasus) an den Stamm angefügt werden. Abgesehen von der Äußerlichkeit, die in einer solchen Anschauung von der Anfügung der „Suffixe“ liegt (schon dieser aus der alten hebräischen Grammatik übernommene Ausdruck ist heute nicht mehr so wörtlich zu nehmen wie er tatsächlich ursprünglich gemeint war), ist genau so wie bei den Worten so auch bei den Suffixen die Ansicht von einem solchen gewissermaßen „künstlichen“ Vokalzusatz ganz und gar untragbar.

Aber wir stehen auch nicht auf dem — nach den Anschauungen der modernen Sprachwissenschaft an sich unanfechtbaren — Standpunkt, daß hier ein phonetischer Einschubvokal wie in estn. *ader*, ung. *tartalom* vorliege (vgl. auch den Schwavokal in fi. savol. *sil*^{i}*mä*, *sal*^{a}*kku*), sondern, um es noch einmal zu betonen, ist es ganz einfach so, daß an sich, also ihrem Ursprung nach, konsonantische Stämme sich in ihrer Flexion an vokalische Stämme angelehnt haben, eine Erscheinung, wie sie auch in den indogermanischen Sprachen oft genug begegnet. Auch die Erscheinung ist aus den indogermanischen Sprachen hinlänglich bekannt, daß ein und dasselbe Ableitungsformans einmal vokal-, das andere Mal konsonantstämmig auftreten kann. Diese letztere Erscheinung wird auch auf indogermanischem Gebiet, z. B. von Brugmann in seinem Grundriß z. B. bei Behandlung des *k*-Formans einfach registrierend angeführt (Grundr. II § 367). Übrigens ist unsere Ausdrucksweise gelegentlich auch sonst in der modernen Fennougristik angewandt worden wie von Setälä (z. B. Vir. 1916 S. 58), Ojansuu (z. B. Ak S. 115 Anm. 1), Mark (Poss.-Suff. S. 114), Paasonen, Mordvinische Lautlehre S. 91, 104 usw.

Übrigens läßt sich der Ausdruck „Hilfsvokal“ u. ä. nicht nur äußerlich als bloße bildhaft-verkürzte Redeweise rechtfertigen, sondern er hat auch eine gewisse innere Berechtigung. Für den naiven Sprecher stellen (resp. stellten) nämlich die hier und im folgenden in Rede stehenden sekundären Vokalstammverallgemeinerungen tatsächlich eher die Zufügung eines Lautes dar als die Verallgemeinerung eines Stammes. Wie fern die Vorstellung eines Wortstammes dem naiven Sprachempfinden liegt, dürfte der Umstand am besten illustrieren, daß selbst die wissenschaftliche Grammatik erst sehr spät auf diesen Begriff (erst im 18. Jahrhundert) verfallen ist und, wie bereits erwähnt, hat überhaupt erst die moderne Sprachwissenschaft Begriffe wie Hilfsvokal, Bindevokal usw. beiseite gelegt.

Doch ist für uns hier selbstverständlich nicht dieser Umstand, daß bis in die neue Zeit hinein Ausdrücke wie „Hilfsvokal" u. ä. von einer veralteten Wissenschaft in falscher und äußerlicher Weise gebraucht wurden, bei unserer diesbezüglichen Ausdrucksweise das Entscheidende, sondern neben der Abgekürztheit und treffenden Bildlichkeit empfiehlt sich uns diese Redeweise auch dadurch, daß der naive Sprecher in den einschlägigen Fällen tatsächlich eher das Bewußtsein der Zufügung eines Lautes als das der sekundären Einführung eines erweiterten Stammes hat.

§ 67. Soviel uns bekannt, ist die Ansicht von dem konsonantischen Charakter gewisser dreisilbiger Stämme (*puras. kevät*) bereits von Thomsen, BFB S. 107ff. Anm. geäußert worden, der damit gegen die seinerzeitige Meinung von dem „verstümmelten" Charakter der Konsonantstämme (vgl. z. B. Genetz, Versuch einer karelischen Lautlehre, bes. S. 86—88), wenigstens soweit diese unbeschränkt auf letztere angewandt wurde, Widerspruch erhob. In ähnlichem, aber freilich viel zurückhaltenderem (siehe sogleich) Sinne schreibt Wiklund, FUF I S. 97 von den Nomina auf *s*: „Die nomina auf *s* müssen wohl also, trotz ihres jämtländischen *-sə*, konsonantischen Auslaut gehabt haben, was auch mit dem finnischen *opas* usw. mit auslautendem *s* und „Konsonantenschwächung" übereinstimmt. Die Meinung Thomsens, BFB S. 107ff., daß diese finnischen Wörter Konsonantenstämme gewesen seien, wird also durch das Lappische insofern bestätigt, als sie im nomin. sing. in finnisch-lappischer Zeit konsonantischen Auslaut gehabt haben." Auch für die dreisilbigen Stämme mit *k* als letztem Konsonanten nimmt Wiklund an, daß in ihnen „der konsonantische Auslaut des Nominativs in finnisch-lappische Zeit hinaufreicht" (ebenda, S. 97; Wiklund führt z. B. eine Lulelappische Form wie *tšāla* gen. *tšāllaka* an). Sonst sind uns weiter keine Äußerungen von Sprachforschern über ursprüngliche Konsonantstämmigkeit von Drei- und Mehrsilbern bekannt; es erweist sich also umsomehr als notwendig, diese unsere neuartige und manchem Fennougristen sicher sehr kühn anmutende Ansicht möglichst sorgfältig und umfassend zu begründen.

§ 68. Hier haben wir bei unserer Beweisführung einen wesentlich schwereren Stand als vorher; denn erstens stimmte bei den Zweisilbern unsere Erklärung der konsonantstämmigen Formen mit der überkommenen, wenn auch offiziell aufgegebenen, so doch im Grunde weiter wirkenden Verstümmelungsthese immerhin in der Tendenz überein und versuchte, sie nur auf eine gesetzmäßige Formel zu bringen. Zweitens ist gerade bei den Drei- und Mehrsilbern die Erklärung der heutigen konsonantstämmigen Formen aus vorausgesetzten älteren vokalstämmigen Formen, speziell aber die Erklärung des konsonantstämmigen Nominativs aus vorausgesetztem vokalstämmigem Nominativ auf *-i* < *e* phonetisch durchaus plausibel: als nichtsonorer Laut ist *i* der Apokope gleichermaßen wie der Synkope am meisten ausgesetzt; wieviel mehr konnte es nach hinterer Silbe seinen Stimmton verlieren und so schließlich gänzlich schwinden. Und drittens muß eine These, die die wenigen (kürzeren) konsonantstämmigen Formen als Grundlage der weitaus die Mehrheit bildenden vokalstämmigen (längeren) Formen ansieht und den so fast durchgängig auftretenden Stammesauslautsvokal als eine Art Hilfs- oder Einschubvokal erklären will, zunächst einigermaßen konstruiert erscheinen.

So allgemein überzeugend der erste und der dritte Punkt auch erscheinen und so entscheidend sie sicher auch den ersten befremdenden Eindruck unserer speziell für die Fennougristen ungewöhnlichen These bedingen mögen, so sind doch diese beiden Punkte mehr allgemeiner Natur und lassen sich leicht durch Hinweise auf zahlreiche hinlänglich bekannte Parallelen sekundärer Vokalstämme im Indogermanischen (z. B. im Slawischen), in denen ebenfalls die ursprünglicheren konsonantstämmigen Kasus die Minderheit bilden oder ganz geschwunden sind, entkräften. Auch kann ja unsere Behauptung, daß es neben vokalisch auslautenden Flexionssuffixen wie z. B. *-ma*, *-ẹ̮δa*, *-na*, *-ẹ̮la* (*-ala*), *-ẹ̮ra* (*-ara*) auch auf Konsonant ausgehende (resp. nur aus Konsonant bestehende) Ableitungssuffixe (wie *-ks-*, *-s-*, *-t-*, *-k-*, *-nt-* u. a.) gegeben habe, und die weitere Behauptung, daß diese konsonantischen Ableitungssuffixe sich in ihrer Flexion in solchen Kasus (wie gen.

acc. u. a.), wo bei konsonantstämmiger Flexion komplizierte, der Assimilation u. a. Veränderungen unterworfene Konsonantenhäufungen entstanden wären und damit der markante Charakter sowohl von Stamm wie von Endung verloren gegangen wäre, an die Flexion der Vokalstämme, ganz gleich ob zwei- oder drei- und mehrsilbiger, angelehnt haben, bei näherer Überlegung nicht allzu befremdlich erscheinen.

Der zweite Punkt geht dagegen schon mehr ins Einzelne und bringt tatsächlich recht plausible phonetische Fakta vor. Aber es sind doch immer nur sozusagen phonetische Fakta grundsätzlichen Charakters, und es bleibt immer noch in den betreffenden Einzelfällen der reale Nachweis zu führen, ob in ihnen das freilich leicht abfallende Auslauts-*i* nun auch tatsächlich einmal vorhanden und somit tatsächlich einmal abgefallen ist.

Dieser Nachweis aus den Fakta läßt sich bei den betreffenden Konsonantstämmen (*sade*, *opas*, *aidas*, *manner* usw.) in keiner Weise führen. Sie sind nie und nirgends vokalauslautend im Nominativ gewesen (vgl. auch die eben zitierte Auslassung Wiklunds). A priori erscheint es natürlich als durchaus möglich und begreiflich, daß, falls sie einmal auf *i* (< *e*) ausgelautet hätten, dieses *i* dann geschwunden wäre; aber diese aprioristische Möglichkeit schafft uns, so sehr wir es auch wünschen möchten, nie und nimmer dieses ersehnte Auslauts-*i* herbei.

Nun gibt es aber andere Fälle, in denen Auslauts-*i* in gewissem Umfange scheint abgefallen zu sein, und aus diesen Fällen hat man dann weiter geschlossen, daß *i* dann einmal auch in solchen Paradigmen vorhanden gewesen und dann abgefallen sein kann, wo wir heute keine direkten Spuren mehr von ihm feststellen können.

Diese Fälle müssen wir hier eingehend behandeln: die Eigenschaftsnamen auf *-uus* (gen. *uuden*), die Ordinalia (nom. sg.), die Possessivsuffixe 1. und 2. sg., den Translativ, die 3. sg. indic. praes., pot. und cond. (vgl. zu dieser Aufzählung Rapola in Mém. Soc. F. Ougr. LII S. 217), denen, wie wir noch sehen werden, auch der Komparativ (nom. sg.) sowie auch der nom. sg. der Nomina auf *-nen* und derer auf *-ks* (im nom. sg. *-s*) anzureihen ist.

Bei der Behandlung dieser Fälle werden wir nun nicht nur erkennen, daß Auslauts-*i* tatsächlich nie durchgängig geschwunden ist, sondern gleichzeitig werden wir, was viel wichtiger ist, in diesen Fällen Beispiele von sekundären vokalstämmigen Formen kennenlernen, und zwar von solchen sekundären vokalstämmigen Formen, die nicht spontan mit dem Aufkommen der betreffenden abgeleiteten Stämme, sondern erst später entstanden sind, als gewisse Konsonanzen im Auslaut, z. B. im nom. sg., im Begriffe waren, lautgesetzlich vereinfacht zu werden und ihre Erhaltung nur durch sekundäre Einführung von Vokalstamm, „durch Erleichterung der (für den Auslaut) zu schwer gewordenen Konsonanz durch Stütz- oder Auslautshilfsvokal", gesichert werden konnte wie etwa bei **kolmant*, das nach sekundärer Einführung des Vokalstammes aus den casus obliqui dann zunächst **kolmantĕ* lautete.

7. Kapitel (§§ 69—85).

Innere Beziehung zwischen dem Auftreten von Konsonanz und „Hilfsvokal“ im Auslaut.

§ 69. Besonders eingehende Behandlung haben bisher die Ordinalia (Musterform *kolmas*) und auch das Possessivsuffix 2. sg. erfahren.

Setälä behandelt in seiner ÄH diese beiden Fälle an nicht weniger als vier verschiedenen Stellen, und zwar recht eingehend (S. 56/57, 128, 364—367, 395). Er stellt S. 57 folgende Ableitungen auf: *Kirjas* < *kirjansi* < **kirjanti*, *kolmas* < *kolmansi* < **kolmanti* (S. 128 entsprechend). S. 57 bemerkt er überdies, daß das Possessivsuffix-*s* auch durch Apokope aus *-si* (< **ti*) entstehen konnte (somit *kirjas* auch < *kirjasi*). Auch S. 364/5 bringt er zunächst dieselbe Erklärung vor. ,,Wo *s* an das Wortende geraten ist, ist *n* im allgemeinen spurlos geschwunden, z. B. *kolmas* < *kolmansi*, *kirjas* < *kirjansi*.“ Aus den Worten ,,wo *s* an das Wortende geraten ist“ ist gleichzeitig zu entnehmen, daß Setälä sich die Entwicklung über die Zwischenstufe *kolmans* (*kirjans*) dachte, also **kolmanti* > *kolmansi* > *kolmans* > *kolmas* (über den Zeitpunkt dieser Apokope siehe sogleich). Diese Erklärung betrifft, wie gesagt, nur die westfi. Variante *kolmas*. Solche ostfi. Varianten wie *kolmaas*, *kolmais*, *kolmoaś* lassen aber nach Setälä darauf schließen, daß entweder *kolmas* nicht gemeinfinnisch, sondern relativ spät ist oder daß das geschwundene *n* aus anderen Kasus im nom. wieder eingeführt wurde, oder daß es neben den Formen auf *s* in sehr früher Zeit Nebenformen auf *-nsi* gab, ,,aus denen *n* später abermals unter Längung des vorhergehenden Vokals geschwunden wäre“. Die erste Erklärung vom nichtgemeinfinnischen Charakter des *kolmas* verwirft Setälä S. 395 auf das nachdrücklichste, da die westfi. sowie die entsprechenden karelischen, olonetzischen und estnischen Formen sehr frühen Schwund des Nasals voraussetzen, weshalb er auch die Apokope des *i* bereits in die gemeinfinnische Periode verlegt, und er diskutiert nur die beiden letzteren Möglichkeiten, von denen er dann die letzte (die Ansetzung einer sehr frühen Nebenform *kolmansi*) endgültig akzeptiert. Aus *kolmansi*, das — wie er bemerkt — in finnischen Runen bis auf den heutigen Tag erhalten ist, leitet er dann die besagten ostfi. Formen sowie auch die weps. (*kuu̯mańź*, *kou̯maďź*), olon. (*kolmais* < **kolmańz*), wot. (*kel̮māz*) — übrigens hält Kettunen, Vatj. Kiel. ÄH² S. 94 § 205 kurzen Vokal, wenn auch zögernd, für „am Wotischsten" — und liv. (*kuel̄məz*) Varianten ab. Daneben bleibt die Erklärung, daß *kirjas* sich auch aus *kirjasi* durch Apokope des *i* entwickeln konnte, bestehen.

Mark, Possessivsuff. S. 144—146 widerspricht der dargestellten Erklärung Setäläs eigentlich nur insofern, als er die ostfi. und olon. Formen auf *i̯s* (resp. *iz*) nicht aus *kolmans* (< *kolmansi*), sondern aus *kolmasi* entstanden wissen will. Dieses *kolmasi* habe schon zur urfi. Zeit neben *kolmansi* bestanden und wäre analogisch nach der *n*-losen Partitiv-Form *kolmatta* gebildet worden.

Rapola, SKH S. 219/220, sagt über das fi. Poss.-suff. 2. sg. *-s*: „Das regelrechte Possessivsuffix der 2. sg. in der alten Literatur ist *-s*. Dieses könnte auf früheres *-ns* zurückgehen. *-ns* > *s* am Wortende, nachdem *i* unter bestimmten Bedingungen vielleicht schon im Urfi. geschwunden war. Ebenso möglich ist, daß Ausgangsform die ursprüngliche *n*-lose Form auf *-si* war, die als solche in der Literatur sehr selten auftrat." Betreffs der Ordinalia referiert Rapola Setäläs Standpunkt (*kolmansi* > *kolmans* > *kolmas* bereits im Urfi.) und nach Aufzählung von Dialekten mit *n* enthaltenden resp. voraussetzenden Formen sowie der von Vhael angeführten Formen *colmansi* und *colmasi* erwähnt er als gut denkbar Marks Ableitung dieser letzten Form (*kolmasi*). Gleichzeitig hält er es aber auch für möglich, daß diese Form durch Kontamination von *kolmansi* und *kolmas* entstanden wäre.

§ 70. Am wichtigsten erscheint uns an allen vorgenannten Erklärungsversuchen, daß an ihnen mit Parallelformen operiert wird. Aber freilich handelt es sich, soweit nämlich *kolmas* in Frage steht, nach der Meinung der vorgenannten Forscher (denen z. B. Ojansuu und Kettunen zugefügt werden könnten) nicht um ursprüngliche Parallelformen, sondern um eine sekundäre Parallelform (bei Setälä ist diese sekundäre Parallelform sonderbarerweise *kolmansi*, bei Mark *kolmasi*); nur soweit die Behandlung der Endung *-nsi* sich auf das Possessivsuffix bezieht, ist von vornherein auch eine ursprüngliche zweite Form, die aber wegen ihrer anderen Funktion (später ist sie dann freilich funktionell mit der anderen Form zusammengefallen) nicht als Parallelform anzusprechen ist, gegeben. Auch bei dem Possessivsuffix der 1. sg. besteht natürlich ohne weiteres derselbe Sachverhalt.

Aber gerade diese ursprüngliche doppelte Quelle des heute einheitlichen, jedoch in zwei Varianten auftretenden Possessivsuffixes ist geeignet, einen Hinweis für die Behandlung heute in doppelter Gestalt auftretender Suffixe zu geben. Liegt der heutigen Doppelheit nicht doch vielleicht überall eine gewissermaßen ursprüngliche, d. h. in den ursprünglichen Verhältnissen notwendig bedingte, wenn auch noch nicht sofort realisierte Doppelheit zugrunde?

Hier kann nun vielleicht der weitere Umstand, daß die beiden jeweiligen Possessivsuffixvarianten sich nur dadurch unterscheiden, daß jeweils die eine Possessivsuffix„variante“ einen Konsonanten, die andere dagegen zwei aufweist, uns weiterhelfen. Wenn wir nun einmal daran festhalten, daß der Auslautvokal regelrecht nie durchgängig (außer in dem noch zu behandelnden Falle der Nomina auf *-uus*, *-uute*) abgefallen ist, liegt doch hier der Schluß nahe, daß sich nur in dem einen Fall der Auslautvokal gefunden hat, in dem anderen nicht. Unsere obige These von dem Hilfsvokalcharakter des Themavokals bei zahlreichen Drei- und Mehrsilbern gibt uns gleichzeitig einen Anhaltspunkt dafür, in welcher von beiden Varianten der Ursprung des Auslautvokals zu suchen ist, nämlich in der mit doppeltem Konsonanten; denn hier war der Auslautvokal als eine Art Hilfs- oder Stützvokal zur Erleichterung der dem Sprachempfinden zu schwer gewordenen Konsonanz am Wortende zugefügt worden, die infolge dieser Vokalzufügung (d. h. infolge sekundärer Einführung des Vokalstammes der casus obliqui) nunmehr erhalten blieb und nicht mehr der am Wort- und Silbenende eintretenden lautgesetzlichen Vereinfachung (z. B. *-nt* > *t*) unterworfen war. Gleichzeitig wird uns so die Ursache verständlich, warum bei abgeleiteten konsonantischen Stämmen mit einfachem letzten Konsonanten sich in den einschlägigen Stämmen im nom. sg. im allgemeinen kein Auslautvokal findet (es sei denn in sekundären Kontaminationsformen, siehe passim): eben weil hier die Zufügung eines solchen Auslauthilfsvokals nicht zur Erleichterung irgendwelcher Konsonanz notwendig war (hier sei nochmals an die §§ 65, 66 zur Erläuterung dieser bildhaft verkürzten Ausdrucksweise erinnert).

Recht interessant ist es nun, daß auch Wiklund die entsprechende Beobachtung vom entgegengesetzten Ausgangspunkt aus machen muß. Er schreibt FUF I S. 98: „. . . könnte man geneigt werden, anzunehmen, daß eigentlich nur die dreisilbigen stämme mit langen konsonanten zwischen der zweiten und dritten silbe den endvokal bewahrt haben, offenbar weil die zweite silbe in solchen wörtern einen nebenton erhalten haben muß, der gewissermaßen die dritte silbe mit der zweiten silbe in zweisilbigen wörtern gleichwertig gemacht hat.“ Wiklund spricht von seinem Standpunkt aus von einer Erhaltung des Vokals und dementsprechend ist auch seine Erklärung der ganzen Erscheinung, aber das Ausschlaggebende ist hier doch für uns, daß er für das Auftreten des Auslautvokals die gleiche unmittelbare Ursache verantwortlich macht wie wir, eben Konsonanz resp. langen Konsonanten zwischen der zweiten und der dritten Silbe.

§ 71. Nach diesen Ausführungen hätte also das Possessivsuffix der 1. und 2. sg. ursprünglich folgendermaßen gelautet (wir setzen als „Auslautshilfsvokal“ sogleich die spätere Stufe *i* und nicht das selbstverständlich ursprünglichere *e* an):

1. sg. (bei singularischem Besitz): (Ia) **kirjam* (Iaα) >*kirjan* (Iaβ);
(bei pluralischem Besitz): (IIa) **kirjanmi* > **kirjanni*;
2. sg. (bei singularischem Besitz): (Ib) **kirjat*;
(bei pluralischem Besitz): (IIb) **kirjanti* (IIbα) > *kirjansi* (IIbβ).

Die Varianten (Iaα) **kirjam* resp. deren Weiterentwicklung (Iaβ) **kirjan* und (Ib) **kirjat* konnten als solche nicht bewahrt bleiben, da (Ia) mit der acc.-Endung (Iaα), später (Iaβ) auch mit der gen.- und instruct.-Endung, (Ib) wiederum mit der Pluralendung zusammenfiel. Die Varianten (IIa) und (IIb) dagegen vermochten sich als solche resp. in lautgesetzlich umgewandelter Form zu halten. So war von vornherein die Voraussetzung gegeben, daß sie sowohl für die Varianten (Ia) resp. (Ib) eintraten und sich ihnen auf diese Weise funktionell anglichen oder, genauer gesagt, neben der eigenen Funktion auch deren Funktion übernahmen, was überdies auch dadurch ermöglicht wurde, daß in gewissen Kasus, nämlich in den ursprünglich und später auf *-n* ausgehenden Singularkasus, die Formen für singularischen und pluralischen Besitz gleichlautend waren, als auch die Varianten (Ia) und (Ib) in ihrer Form, und zwar (Ia) in seiner ursprünglichen wie in seiner lautgesetzlich umgewandelten Form, in der Weise beeinflußten, daß sie ihren Auslaut(hilfs)vokal auf (Ia) und (Ib) übertrugen, wodurch die Gleichheit und damit der Zusammenfall mit den genannten Kasussuffixen ausgeschaltet wurde. Diese Übertragung war dadurch um so leichter, als beim Antritt an Konsonantstämme auch bei dem einfachen *m*- resp. *t*-Suffix die Anfügung des Auslaut(hilfs)vokals sich von jeher notwendig gemacht hatte (vgl. *miesti*, *perehti*, *oikeutti*, *sydänti* resp. *sydänsi*). Diese Kontamination ging aber nicht einseitig vor sich, sondern auch umgekehrt beeinflußten die Varianten (IIa) und (IIb) ihrerseits die Varianten (Ia) und (Ib) in der Weise, daß sie auf diese ihre Auslautvokallosigkeit übertrugen.

Es entstanden also aus den Varianten (Ia) und (Ib) infolge Beeinflussung durch die Varianten (IIa) und (IIb) die Varianten

(IIIa) *kirjami* (IIIaα) sowie vielleicht später aus *kirjan*: *kirjani* (IIIaβ)

und (IIIb) *kirjati* > *kirjasi* (dial. weiterhin > *kirjais* u. ä.);

sowie aus den Varianten (IIa) und (IIb) infolge Beeinflussung durch die Varianten (Ia) und (Ib) die Varianten

(IVa) *kirjan*

(IVb) *kirjans* > *kirjas* (resp. sonstige dialektische Nebenformen mit Spuren des Nasals) = (IVbβ), wahrscheinlich vorher auch **kirjant* > *kirjat* (= IVbα).

Von diesen Varianten sind (IVa) wie auch (IVbα) ebenso wie (Ia) und (Ib) aus den oben dargelegten Ursachen nahezu untergegangen (die heutigen dialektischen Possessivsuffixe *-n* und *-t* sind größtenteils wie *m* späte lautgesetzliche Weiterentwicklungen), alle übrigen Varianten erwiesen sich als lebenskräftig, wenn sich auch (IIIaα) nur auf beschränktem Dialektgebiet bis heute behauptete.

Wie aus unserer Variantenaufstellung ersichtlich, nehmen wir deren Entstehung nicht nur für eine einzige bestimmte Sprachperiode an, sondern die ersten Varianten (IIIaα), (IIIb) und (IVbα) sind u. E. entstanden, als das Lautgesetz Auslaut-*m* > *n* resp. *ti* > *si* noch nicht eingetreten war, während wir andere Varianten in eine Periode verlegen, in der die betreffenden Lautgesetze bereits durchgeführt waren. Dies ist auch ganz natürlich, da selbstverständlich die Varianten (Ia) und (Ib) nicht mit einem Schlag untergingen, ja, soweit (Ib) in Frage steht, kaum je vollständig untergegangen sind (siehe sogleich), und auch die gegenseitigen Vermengungen nicht auf einen Hieb erfolgten. Der Hergang solcher Kontaminationen ist zeitlich nicht mit dem Eintreten und der Durchführung eines Lautgesetzes zu vergleichen.

So findet u. E. vor allem der doch recht auffällige Unterschied zwischen den Possessivsuffixen der 1. und 2. sg. einerseits und den entsprechenden Personalsuffixen des Verbs andererseits seine natürliche Erklärung. Nur die 2. sg. opt., die z. B. von *saada* oft *saaos* lautet (aus der Volksdichtung übernommen und wohl karelisch), von der aber auch *saakosi* vorkommt (nach Setälä, Äänneoppi S. 94 ob.; vgl. Ders., „Zur Geschichte der Tempus- und Modusstammbildung S. 123: *kuolkosi* (Kalev. 33, 257. 258), *kaotkosi* [Kant. II S. 46]) bildet hier eine Ausnahme. Letzteres entspricht der obigen Variante III, ersteres der Variante IV. Daß gerade bei der 2. sg. opt. im Gegensatz etwa zur 2. sg. indic. diese Übereinstimmung mit dem Possessivsuffix besteht, braucht im Hinblick auf die anderen Personen des Optat. resp. des Imperat. nicht zu verwundern, da auch diese infolge des Fehlens des Präsenszeichens *k* (vgl. ursprünglich *saakame*[*k*], *saakaδe*(*k*]) resp. des Auftretens von *hen* (*het*) in der 3. Pers. statt *pi* (*vat*) den Possessivsuffixen durchaus gleichen.

Andererseits wird durch unsere Ansetzung einer ursprünglichen vokallosen Variante des Possessivsuffixes der Umstand erst voll verständlich, daß sich auch bei singularischem Besitz schwache Stufe des Stammkonsonanten findet (Mark, Poss. Suff. S. 118 unten).

Nur so erklärt sich u. E. ferner, daß sich *t* auch in der 2. sg. des Poss.-Suff. bis in die Neuzeit hinein gehalten hat. Wäre in allen Fällen *ı* auf *t* gefolgt, so wäre es einfach undenkbar, daß es bis heute Bestand gehabt hätte; denn die wenigen Fälle, in denen *ti* nach gewissen Konsonanten nicht > *si* wurde, sind keineswegs ausreichend, das heutige *t*, das sich außerdem auch nach anderen Konsonanten, wo *ti* regelrecht *si* wurde, findet (z. B. *sydänti*), zu erklären (anders Setälä, ÄH 56; Mark, Poss. Suff. S. 134). Man darf weiterhin doch nie vergessen, daß die Possessivsuffixe nicht eine so feste Einheit mit dem Stamm bilden, wie dies immerhin auch in den finn.-ugrischen Sprachen etwa die Kasussuffixe tun, sondern daß sie jeweils, in casu, sozusagen erst angefügt werden. Nur so ist ja u. a. die Entstehung der sekundären Possessivflexion des pluralischen Besitzes zu erklären (Anfügung der Suffixe an den *i*-Plural). Also konnten Formen wie *miesti*, *perehti* nicht so einheitlich festgefügte Mustergebilde abgegeben haben, auf Grund deren allein sich das *t* gehalten hätte.

Und schließlich findet so, glaube ich, das Possessivsuffix der 1. sg. *-ni* seine natürlichste, weil einfachste Erklärung, wenn wir auch der üblichen Ableitung desselben trotz deren einigermaßen kompliziertem Charakter (vgl. jedoch die Erklärung der 1. pl.) nicht alle Berechtigung absprechen können.

Bei den Possessivsuffixen liegt nun selbstverständlich die Frage nahe, woher ihr Auslautshilfsvokal *i* (< *e*) eigentlich stammt, da hier sekundäre Verallgemeinerung des Vokalstammes aus den casus obliqui nicht in Frage kommt. Hierzu wäre zunächst zu sagen, daß dieser Einwand einseitig von den heutigen Verhältnissen ausgeht, wo die Reihenfolge Stamm—Kasussuffix—Possessivsuffix feststeht, und daß es gar nicht gesagt ist, daß dies in der vorfinnischen Zeit ebenso gewesen ist (vgl. etwa das Tscheremissische). Aber selbst wenn die heutige Reihenfolge schon bestanden hätte, wäre der „Auslautshilfsvokal" von uns nicht aus der Luft gegriffen, da er dann eben nach Analogie anderer Bildungen mit Konsonanz am Wortende übernommen worden ist (z. B. nach Analogie von **kolmantę*). Daß eine solche Übernahme des Auslautshilfsvokals nach Analogie anderer Bildungen tatsächlich stattgefunden hat, erweisen unzweideutig solche sekundäre vokalstämmige Nominative mit *-i* (< *e*), die in den casus obliqui den Themavokal *a* haben, z. B. der Komparativ.

§ 72. Wieso haben aber nun diese Verhältnisse bei den Possessivsuffixen Gültigkeit für die anderen Fälle, in denen keine ursprünglichen Doppelformen bekannt und auch nicht so ohne weiteres zu erwarten sind? Hier ist nun zu beachten, daß alle genannten Worttypen Konsonanzen, auch die 3. sg. ind. praes. in zahlreichen Fällen, wenn nicht mehr heute, so doch ursprünglich, am Wortende resp. vor dem Auslautvokal hatten. Dies ist kein Zufall, sondern gerade dieser Umstand erklärt es, daß bei diesen an sich sonst so grundverschiedenen Worttypen die gemeinsame Erscheinung des doppelten Ausgangs des nom. sg. zu beobachten ist: durch die Konsonanz am Wortende war nämlich genau so wie bei den Possessivsuffixen die Voraussetzung zu einer zweifachen Gestalt des nom. sg. dadurch gegeben, daß entweder die Konsonanz in einer „leichteren" Form, wie wir oben solche „leichteren" Varianten von Konsonanzen in konsonantstämmigen Formen kennen gelernt haben, oder in ihrer ganzen Schwere auftreten konnte. In der leichteren Form entspricht der Konsonanz, wie wir oben gesehen haben, meist nur ein einfacher Konsonant (z. B. würde *ks* ein *s* entsprechen), und es ist dann kein Auslauthilfsvokal nötig, ebensowenig wie bei den sonstigen drei- und mehrsilbigen Konsonantstämmen auf einfachen Konsonant. Die leichtere Variante der Konsonanz steht somit im absoluten Auslaut, wieder ganz entsprechend wie wir oben die leichtere Variante der Konsonanzen in den konsonatstämmigen Formen am Silbenende antrafen. Die schwerere Form der Konsonanz bedarf dagegen eines Auslauthilfsvokals. Wir hätten also tatsächlich wie bei den Possessivsuffixen die Möglichkeit einer Variante mit einfachem Konsonant im absoluten Auslaut und einer zweiten Variante mit Konsonanz, die durch Auslauthilfsvokal erträglich gemacht werden muß.

Betrachten wir nun die einzelnen Fälle in ihrer tatsächlichen Gestaltung.

Hier ist zunächst allgemein zu beachten, daß die heutige vokallose resp. vokalische Variante durchaus nicht der ursprünglichen respektiven Form zu entsprechen braucht, wie wir ja auch bei den Possessivsuffixen mannigfache Durchkreuzungen beider Varianten konstatieren konnten.

§ 73. Was zunächst die Ordinalia anbelangt, so ist, um bei dem Musterbeispiel *kolmas* zu bleiben, nach den vorstehenden Ausführungen von folgenden beiden Varianten auszugehen:

kolmat* und (kolmanti* >) *kolmansi*,

wobei wir freilich sogleich betonen möchten, daß diese Aufstellung noch eine Korrektur betreffs des Vokalismus, auf den es hier noch nicht ankommt, erfahren muß. Von diesen beiden Ausgangsformen ist *kolmansi* dialektisch und in der älteren Literatur belegt, dagegen fehlt von *kolmat* — wie es scheint — jede Spur. Um dieser bisher noch nicht als Urform aufgestellten Variante alles Befremdliche zu nehmen, sei an das entsprechende *tuhat* erinnert sowie betont, daß hier *-nt* am Wortende genau so behandelt wird wie am Silbenende (weiteres über *kolmat* siehe sogleich).

Durch Kontamination beider Ausgangsformen entstanden ganz entsprechend wie bei den Possessivsuffixen folgende Mischformen:

1. *kolmati* (Auslautvokal von *kolmansi* übernommen) > *kolmasi* > *kolmai̯s*. Sowohl *kolmasi* als auch *kolmai̯s* (vgl. Mark, Possessivsuff. S. 149/50) sind im Finnischen dialektisch und in der älteren Literatur belegt.

2. *kolmans* (auslautvokallose sekundäre Nebenform von *kolmansi* auf Grund des auslautvokallosen *kolmat*). Dieses *kolmans* wurde meistens lautgesetzlich > *kolmas*, aber dialekt. auch > *kolmās* (woraus dann weiterhin solche Formen wie *kolmoas* u. ä. hervorgingen).

Von all diesen als belegt genannten Formen ist *kolmas* seit alters her die weitaus überwiegende.

Wie ist nun das spurlose Verschwinden von *kolmat* zu erklären? Hier möchte ich sogleich betonen, daß dieser völlige Untergang der *t*-Variante nur ein scheinbarer ist, und die Behauptung voranstellen, daß diese Variante in *kolmet*, der Ausgangsform des heutigen Kardinale, vorliegt. Um dies zu verstehen, müssen wir uns vergegenwärtigen, daß der Vokal *a* in *kolmas*, obwohl er uralt ist (vgl. das Lappische! Nlp. *goalmad* Lule *koẻlmāt* setzt ein **kolmanti* [resp. **kolmante* mit sehr engem *e* in dritter Silbe], jedenfalls eine Form mit *a* in zweiter Silbe, voraus; vgl. hierzu auch Wiklund, FUF I S. 93 Absatz 29), doch nicht den ursprünglichen Verhältnissen entsprechen kann (vgl. etwa *viides*, *kuudes* vom Stamm *viite-*, *kuute-*); denn eine solche Diskrepanz zwischen dem Themavokal des Kardinale und dem entsprechenden Vokal des zugehörigen Ordinale bei *kolme* ist nahezu einzigartig (vgl. ingr. [Estland] kūvvais [~ kūvves], dieses ist aber leicht durch die Nachbarschaft von *seitsemäs* und *kahdeksas* zu erklären). Es muß hier irgendwie eine Verschiebung des Themavokals vorliegen. Daß nun tatsächlich bei Zahlwörtern Verschiebungen im Themavokal eingetreten sind, beweist der Fall des in der Zahlenreihe benachbarten *kaksi*, das ursprünglich ein *a*-Stamm war. Der Hergang ist mit großer Wahrscheinlichkeit so zu rekonstruieren, daß die beiden benachbarten Zahlwörter *kaksi* und *kolme* sich gegenseitig hinsichtlich des Themavokals beeinflußt haben. Solche gegenseitige Beeinflussung benachbarter Zahlwörter ist ja auch sonst bekannt. Bei *kaksi* siegte im Lappischen der alte *a*-Stamm, im Finnischen dagegen der sekundäre *e*-Stamm, bei *kolme* dagegen endete der Prozeß in beiden Sprachen mit einem Kompromiß, und zwar in beiden mit dem gleichen Kompromiß: das Kardinale behielt den alten Stamm, das Ordinale übernahm den *a*-Stamm. Aber ein Relikt der alten Verhältnisse haben wir im finnischen *kolmet*, vor allem noch im heutigen wotischen *kẹлмẹᴅ*, ess. sg. *kẹлмẹnna*, das dann wegen seines Vokals zum Kardinale umgedeutet wurde. Diese Umdeutung von *kolmet* kann erst im Urfinnischen erfolgt sein, da im Lappischen keine Spur des *t* im Kardinale nachweisbar ist.

§ 74. Entsprechend wie bei den Ordinalia verhält sich die Sache bei den anderen genannten Wort- und Formentypen. Nehmen wir zunächst den Translativ, so sind hier als Ausgangsformen anzusetzen die Endungen:

(I) *ksi* und (II) *s*

und als Kontaminationsformen beider

(III) *ks* und (IV) *si*.

Im Finnischen sind die Typen (I) und (III) (freilich bereitet die relative Seltenheit in der älteren Literatur sowie auch die immerhin nicht so große Verbreitetheit der vokallosen Form, wie diese bei den anderen hier behandelten Typen zu konstatieren ist (z. B. bei *kolmas*, beim Komparativ usw.) gegenüber der Aufstellung der Variante (III) für das Finnische gewisse Bedenken und läßt Erklärung dieser Formen aus der späteren in finnischen Dialekten wie dem Südwestfinnischen und dem Savolaxischen eingetretenen Apokope als möglich erscheinen — vgl. Ojansuu, Suom. Loun. Murt. ÄH I S. 173 —), vielleicht auch (II), im Lappischen der Typ (I) vertreten, wo er dann sekundäre lautgesetzliche Veränderungen erlitten hat; vgl. Lule *ȯr̀jās* 'nach Süden', Nlp. *oarjas* 'nach Westen', Lule *olʻkus* Nlp. **ŏlgŏs* 'hinaus' (Wiklund, FUF II S. 64, Qvigstad, Beiträge, S. 131f., auch Ravila, FUF XXIII, S. 45ff.). Es ist nun nicht angebracht, den finnischen Typ *ulos*, wie das Wiklund tut, auf Grund der äußerlichen Ähnlichkeit der Endung *-s* mit dem lappischen ohne weiteres gleichzustellen (Wiklund setzt zwischen den genannten lappischen Formen einerseits und fi. *ulos* andererseits das Gleichheitszeichen: =); denn *ulos* kann u. E. deshalb keineswegs als unmittelbare Entsprechung der betreffenden lappischen Formen gelten, da *ksi* im Finnischen nirgends zu *s* geworden ist (vgl. Setälä, ÄH S. 167, der freilich eine solche Entwicklung immerhin noch für möglich hält, unter der Voraussetzung aber, daß *i* bereits im Gemeinfinnischen abgefallen wäre, m. a. W. er hält eine solche Entwicklung für das Gemeinfinnische an sich sehr wohl für möglich, leugnet sie aber, wie sie seinerzeit allgemein angenommen wurde, für die finnischen Dialekte. Da nun aber *ksi*, *ks* so weithin erhalten sei, könne *i* nicht im Gemeinfinnischen abgefallen sein, und somit bestände nach ihm auch gemäß der ersteren Alternative kein etymologischer Zusammenhang zwischen *ksi*- resp. *ks*-Formen einerseits und *s*-Formen andererseits. An die Möglichkeit zweier von Anfang an bestehender Varianten denkt er aber nicht (aber sehr wohl Mark, Zum längeren Infinitiv, dagegen früher ders., Poss. 233 Anm. 1)). Trotzdem kann Wiklund recht haben, wenn er im weiteren Verlauf seiner Auseinandersetzungen sagt: „Die Adverbien *ulos*, *alas* usw. gehören auch hierher.“ Aber in einem solchen Falle würden sie zu den lappischen Formen nicht als deren lautgeschichtliche Entsprechung, sondern eben in der von uns dargelegten Weise als ursprüngliche ohne den Auslauthilfsvokal gebildete Varianten gehören (über eine andere Möglichkeit siehe sogleich). Neben der Variante (I) scheint übrigens im Lappischen auch die Variante (IV) vertreten zu sein (siehe Ravila in FUF XXIII S. 45/46). Im Mordwinischen haben wir die Varianten (I), (II) und (IV), wenn wir nicht die Annahme vorziehen wollen, daß das Illativ-*s* resp. *-zo* in *tozo* u. ä. (genau so wie vielleicht das finnische Lativ-*s*) hier ein ursprüngliches Element der später entstandenen zusammengesetzten Endung *ks*, eben das Element *s* derselben, darstellt. Bei dieser Annahme würden freilich die Formen mit Auslautvokal nach nichterster Silbe Schwierigkeiten bereiten; denn daß sich bei einfachem letzten Konsonanten eine Variante mit und eine solche ohne Auslautvokal finden sollte, ist außer nach erster Silbe so gut wie ausgeschlossen (vgl. etwa gen.- und acc.-Suffix; betreffs instr. siehe im folgenden).

§ 75. Die Berechtigung unserer Aufstellungen speziell über den Translativ wird aber noch deutlicher, wenn wir neben die verschiedene Vertretung des Translativsuffixes diejenige des gleichlautenden Ableitungssuffixes halten. Das Finnische weist von diesem — hier ist natürlich zunächst nur wieder vom Nominativ die Rede — wie das Lappische nur die Variante (II), das Mordwinische die Variante (III) (oder (I), falls hier lautgesetzlich ein Vokal abgefallen sein sollte), vielleicht dialektisch (vgl. Paasonen, Mordv. Lautlehre S. 60/61) auch die Variante (II) auf (falls die einschlägigen Dialektvarianten nicht sekundär lautgesetzlich aus (I) entstanden sind). Wodurch aber dieses Suffix so interessant wird, ist die lappische Vertretung desselben in den casus obliqui, in denen ja auf jeden Fall die Konsonanz (resp. deren lautgesetzliche Weiterentwicklung) zu erwarten wäre. Statt dessen findet sich hier einfaches *s* (vgl. hierzu Wiklund, FUF II S. 48/49). Dies läßt sich keinesfalls lautgeschichtlich, sondern u. E. nur in der hier dargelegten Weise durch die Annahme von sekundären Kontaminierungsvarianten erklären. Es wäre gewissermaßen die Variante (IV) auch in den casus obliqui eingeführt worden, während im Finnischen (und Mordwinischen) die cas. obl. der Variante (I) entsprechen würden, wie dies auch sonst bei allen derartigen Suffixen mit Konsonanz (z. B. bei den Ordinalia sowie im folgenden z. B. beim Komparativ) der Fall ist. Im Lappischen ist im Grunde genommen weiter nichts geschehen, als daß das, was sich im Finnischen nur angebahnt hat, zu Ende geführt wurde, nämlich die Verallgemeinerung einer einzigen Konsonantgestalt des Suffixes. Im Finnischen ist die *s*-Gestalt als die ausschließliche auf Kosten der *ks*-Gestalt (Varianten [I] und [III]) im Nominativ verallgemeinert, während sich in den cas. obl. allerdings die *ks*-Gestalt als die an sich in diesen ja auch gegebene gehalten hat; im Livischen findet sich *ks* auch im nom. und part. (Var. I resp. III); im Lappischen dagegen ist die *s*-Gestalt (Varianten [II] und [IV]) sogar auch auf die cas. obl., also auf das ganze Paradigma, als die ausschließliche verallgemeinert worden. Im Mordwinischen ist dieselbe weitgehende Verallgemeinerung wie im Lappischen geschehen, nur blieb hier die *ks*-Gestalt die absolute Siegerin. Solche sekundären Verallgemeinerungen sind bekanntlich in der Sprache auch sonst sehr üblich — wir konnten sie ja bereits bei den Possessivsuffixen beobachten, bei denen von den vielen möglichen Varianten schließlich doch eine einzige — trotz der zweifachen Funktion! — mehr oder weniger ausschließlich wurde; in noch höherem Grade war dies bei den Ordinalia der Fall, und daß in der Flexion diese Verallgemeinerung noch weiter gedieh, darf nicht Wunder nehmen. Mit unserer Auffassung, wenigstens was dieses Suffix anbetrifft (vgl. aber auch § 74), deckt sich diejenige von Setälä und Mark, Poss. Suff. S. 114, wo es heißt: „daß nach **ks* im Nom. [von **sormuks*] ein Vokal verloren gegangen wäre, ist nicht anzunehmen" (über das Suffix *ks* vgl. auch Wichmann, JSFOu XXX.).

§ 76. Die übrigen Fälle doppelter Suffixgestaltung können wir kurz abmachen. Die Ausführungen werden im Grunde wie bisher immer wieder darauf hinauslaufen, daß dort, wo sich Varianten mit und ohne Auslautvokal nebeneinander finden, es sich immer um Konsonanz am Wortende handelt. Schon die Regelmäßigkeit der Koinzidenz dieser beiden Umstände weist darauf hin, daß es sich um keinen Zufall bei derselben handeln dürfte. Es könnte hier natürlich immer noch eingewendet werden, daß ja, wie im letztgenannten Falle (bei den *ks*-Stämmen), nicht immer bei Konsonanz Auslautvokal und Auslautvokallosigkeit nebeneinander bestehen. Aber abgesehen davon, daß es nur auf die umgekehrte Abhängigkeitsbeziehung ankommt, nämlich darauf, daß jedenfalls umgekehrt beim Nebeneinanderbestehen Auslautvokal aufweisender und auslautloser Varianten allemal Konsonanz vorliegt, wird die innere Beziehung beider Erscheinungen, des Auftretens der Konsonanz und des Auftretens von Schwankungen betreffs des Auslautvokals, dadurch unumstößlich erwiesen, daß mit den Schwankungen betreffs des Auslautvokals eine Doppeltheit der Konsonanzgestalt Hand in Hand geht: ursprünglich gehört die auslautvokallose Variante zu der einen Gestalt der Konsonanz, nämlich zu der „erleichterten" oder vereinfachten, und die Auslautvokal aufweisende zu der anderen, nämlich der „schwereren", d. h. „nicht vereinfachten" Gestalt der Konsonanz, bis dann eventuell Kontaminationen der geschilderten Art eintraten. Und so findet denn auch der eben vorgebrachte Einwand seine restlose Erledigung: beim *ks*-Suffix ist eben die Konsonanzgestalt, zu der der Auslautvokal im Nominativ ursprünglich gehört, untergegangen.

§ 77. Die noch in Frage kommenden Fälle sind folgende: der Komparativ. Hier haben wir neben der üblichen Nominativform auf *-mpi* außerdem seltenere dialektische Formen wie *enää* (dieses auch in der Schriftsprache ganz allgemein; eine andere Auffassung über dieses schriftsprachliche *enää* resp. dessen dialektische Entsprechungen hat Ravila, FUF XXIV S. 53 Anm.), *enää*ᶜ, *enäät, enään* (dieses kommt ebenfalls in der Schriftsprache vor), *enneä, ennu, paree, paree*ᶜ, *parree*ᶜ, *pareet, parein, pareit, pirein, pireit, are, syve.* Man vergleiche solche einschlägigen Formen der älteren Schriftsprache wie *enäy, enä, pitey, pide, wähe, pare, parat* (siehe z. B. Setälä, ÄH S. 370/71 § 324. Rapola, SKH S. 177, i-Dift. S. 23, und weitere Literatur bei Rapola, Kollaniuksen kielestä S. 78/79, Ojansuu, LMÄH I S. 236, II S. 59). Alle diese dialektischen resp. veralteten schriftsprachlichen Formen stellen natürlich im Grunde alle ein- und dieselbe Bildungsweise des Komparativs dar, die ursprünglich sicher in größerem Umfange neben der heute noch üblichen einherging. Setälä führt die genannten Varianten auf eine Grundform wie **pitävi*, **enävi* zurück unter Hinweis auf südwestfinnische Formen wie *pareve, suureve* und auf die Form *enäy* bei Agricola. Gegen diese Erklärung ist aber in erster Linie einzuwenden, daß dann die schwache Konsonanzstufe in Formen wie *are*, *pide* resp. *pirein* und *pireit* unerklärlich bleibt. Weiterhin ist nicht recht einzusehen, warum der Nasal vor dem Labial geschwunden sein sollte („Eine solche Form wie **enävi* wäre vermutlich durch Wegfall des Nasals in der Form *enämpi* entstanden" Setälä, ÄH S. 371) und schließlich findet sich keine Spur vom *i* (wie wir sie immerhin bei der zum Vergleich herangezogenen 3. sg. indic., auch nach dessen *v*-Stufe, wenn auch nur vereinzelt, haben. Vgl. hierzu das im folgenden betreffs des *i* der 3. sg. ind. Gesagte). Rapola, SKH S. 177, spricht deshalb auch mit Recht von einem rätselhaften Typus! Ohne weiteres verständlich wird u. E. aber diese Komparativbildung, wenn wir neben dem Typ *arempi* auch einen Typ **arev* annehmen, also ohne Auslautvokal. So erklärt sich

1. der Ausfall des Nasals: *mp* wäre am Wortende genau so behandelt worden wie *nt*, nur daß nach unbetonter Silbe hier auch im Auslaut die schwache Stufe von *p* eingetreten wäre, übrigens die einzige Schwierigkeit, die diese Erklärung mit sich bringt, die sich aber behebt, wenn wir an die Behandlung von *k* und auch oft (Sandhi) von *t* (z. B. *kolmet*) an entsprechender Stelle denken (siehe auch zur 3. sg. indic.). Vor allem aber ist es wichtig zu bedenken, daß es im Sestn. (vgl. Kettunen, Eest. ÄH² S. 73 § 120) solche Formen gibt wie *vaņȩʙ* fi. 'vanhempi', *sūrȩʙ* fi. 'suurempi', und mit sekundär gedehntem Schlußkonsonanten: *iḽòzap̀* 'schöner', und von besonderer Wichtigkeit ist hierbei noch der Umstand, daß der gen. hier neben *vaņȩba* usw. auch *vaņȩmba* usw. lautet, so daß sich ersteres leicht als analogisch erklären läßt und damit die nasallose Form als zunächst nur für den nom. sg., 'die Grundform', in Betracht kommend erwiesen wird. Genau das entsprechende Verhältnis wie zwischen den einschlägigen finnischen und Sestn. Komparativformen haben wir zwischen den Formen der 3. sg. praes. zweisilbiger Verba des Finnischen einerseits und des Wotischen und Estnischen andererseits (siehe unten § 78: fi. *antaṷ*, estn. wot. *annaʙ*), wenn wir von der analogischen Starkstufe des Stammkonsonantismus im Finnischen absehen, die sich übrigens auch im Komparativ findet (vgl. *märkē*).

2. die schwache Stufe des Stammkonsonanten, da ja die zweite Silbe geschlossen war (vereinzelte Starkstufe wie *märkē* läßt sich leicht analogisch erklären; vgl. auch *antaṷ*).

3. das Fehlen jeder Spur von einem Auslauts-*i*. Wir haben eben hier auch wie in den genannten anderen Fällen nebeneinander eine Variante mit Auslaut und eine solche ohne Auslaut. Warum hier der auslautvokallose Typ untergegangen ist, liegt auf der Hand: er ist zu wenig charakteristisch, da von dem Komparativkennzeichen in ihm im Laufe der Zeit gar nichts mehr übrig geblieben ist.

Sekundäre Kontaminationsformen sind nicht zu verzeichnen. Bemerkenswert ist aber die Tatsache, daß nicht nur im Essiv, sondern auch im part. sg. lediglich die vokalstämmige Variante üblich ist.

§ 78. In nächste Nachbarschaft mit dem genannten Komparativtyp ist das Suffix der 3. sg. indic. gebracht worden. Hier haben wir bekanntlich im Estnischen und Wotischen eine andere Bildungsweise als in den übrigen ostseefinnischen Sprachen: während in diesen der Stammkonsonant in schwacher Stufe auftritt, weist er in den übrigen ostseefinnischen Sprachen starke Stufe auf (für das Wotische und Estnische vergleiche Setälä, ÄH, und zwar S. 91 für das Wotische — von der Schwachstufe des Stammkonsonanten ist hier aber nichts erwähnt — und ebenda, S. 98/99 für das Estnische, weiterhin Kettunen, Vatj. ÄH² S. 23 § 24, S. 72/73 § 146, S. 146 § 375; Ders., Eest. ÄH² S. 33/34 § 29, S. 184 § 142, S. 173/74 § 382; über die finnische Endung vgl. insbesondere Setälä, ÄH S. 78—80; Ojansuu, Ak S. 55/56, 99; Rapola, SKH S. 172/75, und schließlich Setälä, Temp. und Modusb. S. 46ff., zum Olonetzischen und Karelischen auch Ojansuu, KAÄH S. 34).

Auf den ersten Blick scheint dieses Suffix sich nicht so recht in den Rahmen der hier behandelten Bildungen einzufügen, da es nur ein einfaches konsonantisches Element enthält. Doch verliert diese Besonderheit an Bedeutung, wenn wir bedenken, daß das Suffix ursprünglich wie alle derartigen mit einem Konsonanten anlautenden silbischen Suffixe an den Konsonantstamm treten konnte. Bedenken wir nun weiterhin, daß heute einsilbige, ursprünglich zweisilbige Verba wie *luoda*, *saada*, *voida* usw. usw., die heute noch in erster Linie die Endung *pi* aufweisen, ursprünglich einmal an Stelle des heutigen vokalischen Kurzstammes konsonantischen Kurzstamm aufwiesen, so wird hier das Auslaut-*i* als Mittel zur Erleichterung der einstmals am Wortende stehenden Konsonanz (konsonantischer Stammauslaut + *p*) verständlich. Die 3. sg. prs. ind. lautete in solchen Fällen also etwa so: **loŋpi* u. ä. (I). Sicher fanden sich solche Formen noch von zahlreichen anderen Verben, ganz bestimmt von solchen wie *tulla*, *purra*, die ja auch heute noch viele konsonantstämmige Formen aufweisen, also etwa **tulpi*, **purpi*. Allerdings ist es andererseits ebenso sicher, daß die *a*-Stämme vokalstämmige Formen der 3. sg. prs. indic. hatten. In solchen Fällen war der Auslauthilfsvokal nicht notwendig und die ursprüngliche Form war hier demgemäß zweifellos von dem Typ *annap* (II). Dieser Typ ist durchaus regelrecht heute noch im Wotischen und Estnischen vertreten. Es liegt gar kein Anlaß vor, hier etwa Analogie nach der Schwachstufe in den anderen Singularpersonen anzunehmen. Hätte diese Annahme vielleicht noch im Estnischen einen Schein von Berechtigung wegen der schwachstufigen 3. plur. ind. — wie steht es dann aber mit den Impersonalia? —, so ist sie im Wotischen völlig ungereimt, da hier ja die 3. plur. ind. Starkstufe aufweist. So sieht denn auch Kettunen hier mit Recht eine ursprüngliche Schwachstufe. Er meint dann aber, 1. daß das *i* vor „Aufkommen der Schwachstufe" (z. B. Vatj. ÄH² S. 73) abgefallen sei, und 2. daß dort, wo heute *i* nach unbetonter Silbe auftrete, dies auf analogischen Ausgleichungen beruhe (ebda. S. 146). Wir glauben dagegen mit der obigen Aufstellung einer ursprünglichen Variante (II) vom Typ *annap* die wotischen und estnischen Formen besser in einen größeren Zusammenhang stellen und so erklären zu können.

Es ist dann weiterhin nur natürlich, daß innerhalb der einzelnen Sprachen zwischen den beiden Varianten in bezug auf den Auslautvokal ein Ausgleich stattfand: im Wotischen und sicher auch im Estnischen (hier läßt sich aus dem einfachen Grunde, weil hier schon früh eine Apokope stattgefunden hat, keine einwandfreie Entscheidung treffen) wurde die Vokallosigkeit von (II) auf (I) verallgemeinert, was übrigens deshalb ganz leicht vor sich gehen konnte, da nur solche Verba in der 3. sg. prs. ind. Kurzstamm bewahrten, deren letzter Stammkonsonant vokalisiert worden war; im Finnischen und den anderen ostseefinnischen Sprachen wurde umgekehrt der Auslautvokal auch auf (II) übertragen, so daß folgende sekundäre Kontaminationsvarianten entstanden:

voip (III) und *antavi* (IV).

Jeweils entsprechend gestalteten sich auch die Formen der 3. sg. prs. indic. bei den Verba, die in dieser Form dreisilbigen Stamm aufwiesen, so daß zunächst für das Finnische und die mit diesem in dieser Bildung konform gehenden Sprachen folgende Typen in Frage kommen:

voipi (I) *antavi* (IV) *kirjoittapi* (I)
(daneben zunächst
zweifellos auch *annap* [II]),

für das Wotische (und Estnische) sind dagegen folgende Typen anzusetzen:

voip (III) > *voiʙ* *annap* (II) > *annaʙ* *kirjoitap* (III)
> *tširjotaʙ*.

Da jedoch mit der allmählich immer weiter um sich greifenden Einführung des Themavokals in ursprünglich konsonantstämmigen Formen die zweisilbigen Stämme in der 3. sg. prs. indic. über die einsilbigen mehr und mehr das Übergewicht gewannen, konnte sich im Finnischen die Variante (IV) nicht restlos gegenüber der Variante (II) durchsetzen, so daß eine Kompromißform (V) zwischen beiden entstand (vgl. hierzu das Verhältnis von Komparativformen wie fi. *sūre kove vanhē* usw., aber auch *märkē* einerseits und Sestn. *vanè̮ʙ*, *sūrè̮ʙ* usw. andererseits; siehe ob. § 77), die von (IV) die Starkstufe des Stammkonsonanten (resp. der Stammkonsonanz) und die Schwachstufe des Suffixkonsonanten, von (II) aber die Vokallosigkeit im Auslaut übernahm, also

antav (V) > *antau̯* > *antaa*.

Es ist nämlich nicht anzunehmen, daß in so weitem Umfang, wie tatsächlich geschehen, besonders im Ostfinnischen, das Auslauts-*i* in *antavi* hätte lautgesetzlich schwinden können. Daß eine solche Apokope im Westfinnischen stattfand, erklärt eben immer noch nicht die entsprechenden ostfinnischen Formen (dies im Gegensatz zur üblichen Ansicht, vgl. etwa Ojansuu, KAÄH S. 34 und andererseits S. 135/36, wo ersichtlich ist, daß nur in dieser Form Auslauts-*i* absolut ausnahmslos und völlig spurlos geschwunden sein soll, und zwar ausgerechnet auf Grund fremden — savolaxischen — Dialekteinflusses! wie Ojansuu äußert sich z. B. auch Tahvo Liljeblad, Tunkuan murteen konsonantismi S. 30). Man vergleiche zu unserer Meinung Ojansuus eigene Ausführungen über diesen Punkt: Suomen Lounaismurteiden Äänneh, Vokaalioppi S. 156, wo er die weite Verbreitung des Auslautvokalschwundes auf dem Gebiete der Savo- und Hämedialekte und die Eigenständigkeit dieser Erscheinung daselbst erwähnt.

Es ist nun interessant, zu beobachten, wie nach dem Aufkommen des Typs (V) dann auf die dreisilbigen und schließlich — aber erst sehr spät — auch auf die bereits seit der gemeinfinnischen Periode durch Vokalisierung ihres letzten Stammkonsonanten durchgängig einsilbig gewordenen Stämme das *v* resp. das *u* oder auch die Vokaldehnung des Typs (V), und zwar nicht nur im Westfinnischen, sondern auch im Karelischen und Ostfinnischen übertragen wurde, so daß folgender Typ (VI) entstand

saa karel. *šoa̯u̯*, *süö̯ü̯*; *wahwistaw*, *warustau*, *wapacta* (VI)
(bereits Agricola)

oder: *šoa̯v*, *lüö̯v* karel. *ilmottau̯*, *kirjuttau̯*,
tahkua̯v, *kägiä̯v* usw.

Es fand also schließlich auch im Finnischen, aber natürlich viel später als im Wotischen, ein Ausgleich zur Vokallosigkeit des Suffixes für sämtliche Stämme statt. Dieses Gesamtbild wird durch die folgenden offensichtlich ganz sekundären, und vor allem durchaus vereinzelten Mischtypen nicht weiter gestört:

einerseits *antapi* (VII): aus Kontamination von (V) und (I), andererseits *antaapi*, *pysähtyypi* (VIII): aus Kontamination von (V spätere Stufe) und (I).

So mannigfach auch die hier für die 3. sg. prs. indic. aufgestellten Typen sein mögen, so klar ist doch die gegenseitige historische Bedingtheit derselben, zumal die Typen (VI) bis (VIII) erst ganz spät entstanden sind und vereinzelt blieben.

Wie mit der 3. sg. prs. ind. verhält es sich natürlich auch mit der 3. sg. pot.

§ 79. In den hier behandelten Zusammenhang gehören weiterhin die Stämme auf *-inen*. Auch bei diesen sind nämlich Schwankungen betreffs des früheren Auslautvokals zu beobachten, obwohl sie hier wegen des teilweisen Übergangs in eine andere Stammklasse nicht so deutlich zutage liegen. Wir haben hier im Finnischen dialektische Formen wie *kultain*, *nain*, *suomalain*, *nuorukain* und vor allem Familiennamen wie *Siitoin*, *Langolain*, *Peckoin*, *Immoin*, *Kantain* usw., und die wotischen Formen sind beinahe noch interessanter: *nai̯n*, *te̮i̯n*, *eglin*, fi. 'eilinen', *kah₍tšin* 'birken' (fi. 'kaskinen') usw. usw. Man vergleiche auch livische Formen wie *nai̯*, fi. 'nainen', *pun'ni*, fi. 'punainen' usw. Demjenigen, der in all diesen Fällen von einer Endung *-nen* ausgeht, müssen die genannten Vertretungen „unerwartet" (vgl. Kettunen, Vatj. ÄH S. 99 § 211) und „rätselhaft" erscheinen (vgl. Setälä, ÄH S. 373ff., Kettunen, ebda. S. 99/100, §§ 211, 212); denn der Abfall des *n* und noch dazu des davorstehenden *e* ist kaum, noch dazu auf einem so weiten Gebiet, zu vermuten. Da es sich nun auch bei diesem Suffix um eine Konsonanz handelte, liegt es nahe, auch hier an ursprüngliche Schwankungen des Auslautvokals zu denken. Bekanntlich gehört das *n* im nom. sg. nicht zum ursprünglichen Wortstamm, so daß als Schwankungen ausgesetzter Auslautvokal das *e* vor dem nom.-*n* anzusehen wäre. In dem Fall, daß kein Auslauthilfsvokal antrat, hätte dann eben der Stamm mit dem (ersten) *n* geendet, im anderen Falle wäre später an den Auslauthilfsvokal bereits zu einer Zeit, als das Auslaut-*e* noch nicht in *i* übergegangen war, also immerhin wohl schon im frühen Urfinnischen oder im Vorfinnischen (jedenfalls aber kaum zu einer Sprachperiode, als Lappisch und Finnisch sich noch sehr nahe standen, da im Lappischen dieser Typ fehlt), das (zweite) *n* angetreten. Vom Standpunkt der Entwicklung der späteren Auslautsverhältnisse aus wäre diese Annahme sehr wohl möglich. Solche karelischen Formen wie *nai̯ńe*, *pui̯ńe*, *śińińe*, oder ostwotische (< ingrische?) Formen wie *nai̯nḝ*, *tȩi̯nḝ*, *sōmaлai̯nḝ* sind natürlich wie bisher durch Schwund des *n*, aber späten Schwund desselben, zu erklären. An den ostwotischen Formen sieht man dies mit besonderer Deutlichkeit, da hier nicht die übliche Vokaldehnung auf Kosten des Nasals eingetreten ist. Aber auch solche nordkarelischen Formen wie *nai̯ńi*, *toi̯ńi* usw. sind nicht etwa als ursprünglich anzusehen; denn das *i* rührt hier nicht von einem Übergang des Auslauts-*e* in *i* her — dann könnte allerdings der Auslaut sehr alt sein (brauchte dies aber auch in diesem Falle nicht unbedingt zu sein, da sekundäres Auslauts-*e* auch analogisch in *i* übergehen konnte) —, sondern das *e* ist hier bereits zu einer Zeit, als das zweite *n* noch nicht geschwunden war, also im Wortinnern, durch Assimilation in *i* übergegangen (vgl. Ojansuu, KAÄH S. 120/21).

Wie sieht es aber mit dieser Annahme vom Standpunkt des Konsonantismus aus? An sich müßten ja dann unbedingt zwei verschiedene Konsonantgestalten im Nominativ zu erwarten sein, da wir ja im Nominativ auch zwei Varianten betreffs des Auslauts, eine ohne und eine mit Auslautvokal (resp. die Weiterbildung der letzteren) ansetzten. Wir haben ja auch bei den *ks*-Stämmen, wo wir an sich Schwankungen betreffs des Auslautvokals wie der Konsonantgestalt beobachteten, im Nominativ einen Ausgleich in beiden Beziehungen z. B. für das Finnische konstatiert. Wie wäre dann hier bei den Stämmen auf *-inen* der Sachverhalt zu erklären, daß auf der einen Seite zwar betreffs der Auslautgestaltung eine Differenzierung auftritt, in der Konsonantgestalt aber nicht (hier haben wir ja in beiden Fällen *n*)? Nun, hier sind eben in anbetracht der besonderen Verhältnisse bei diesen Stämmen sehr gut verständliche Ausgleichungen eingetreten, während diese — ebensogut verständlich in anbetracht der hier herrschenden Verhältnisse — betreffs des Auslautvokals nicht mehr möglich waren. Außerdem werden wir im folgenden auf eine wenig beachtete Variante mit *s* hinweisen können, die zweifellos als ursprüngliche Nominativvariante anzusehen ist, obwohl sie heute nicht mehr als Nominativ verwendet wird.

Doch um die Sachlage zu verstehen, müssen wir uns erst die Konsonantverhältnisse bei diesen Stämmen genauer ansehen. Bekanntlich handelt es sich bei diesem Suffix um die ursprüngliche Lautgestalt *ŋ́t'ś* (vgl. Toivonen, Affrik. S. 171/72, Nr. 313). Im Nominativ wäre von diesem Suffix nun auf Grund unserer Erfahrungen bei anderen ähnlichen Suffixen mit Konsonanz (I) eine Variante mit Auslauthilfsvokal und voller Konsonanz davor und (II) eine Variante ohne Auslauthilfsvokal, dafür aber mit vereinfachter Konsonanz am Schluß zu erwarten.

Die erstere Variante müßte heute je nach der Silbenstellung nach einem sekundär entwickelten Stufenwechsel

(I) *naitsi* (Ia) resp. *punaisi* (Ib)

lauten (später ist dieser sekundäre Stufenwechsel bekanntlich in Richtung auf das *s* wieder ausgeglichen worden, so daß wir im allgemeinen auch von einer einheitlichen Variante (I) sprechen können, die *naisi, punaisi* lauten müßte). Diese Variante ist freilich heute kaum faktisch vorhanden, da wohl solche Nominative bei Lönnrot wie: *suitsi, päitsi* auf Grund der üblichen Pluralformen *suitset, päitset* konstruierte Wörterbuchformen zu sein scheinen (vgl. auch Ojansuu, Suom. Kiel. Tutk. Työm. S. 59, wo er *suitsi* als analogische Neubildung bezeichnet und von einem — doch ebenfalls selbstgemachten — Nominativ wie *suinen, päinen* ausgeht). Man vergleiche jedoch solche wotischen Bildungen wie *tühi̯etse* 'Leib, Taille' und *aлe̮tse̮* 'Handschuh', bei denen es sich doch wohl nicht um konstruierte Formen handeln dürfte (sie finden sich bei Setälä, ÄH S. 186 und nach diesem bei Toivonen, Affrik. S. 171 angeführt). Diese Formen können selbstverständlich auch, besonders wenn man die Bedeutung berücksichtigt, aus dem Plural abstrahiert sein (nur dann eben nicht künstlich nach diesem konstruiert, sondern von der lebendigen Sprechtätigkeit gebildet), aber sie können auch auf Nominative mit *i* zurückgehen und hätten dann ihr *ẹ* (resp. *e*) sekundär nach Nominativen wie *naine̯*, *te̯ine̯* empfangen.

Viel wichtiger ist aber die Variante (II) mit vereinfachter Konsonanz und ohne Auslauthilfsvokal. Um dieser näher zu kommen, sei an die Ausführungen von Setälä in der Festskrift til Vilh. Thomsen, 1894, S. 230—245 „Über einen ‚gutturalen' nasal im urfinnischen" erinnert. Setälä weist dort (S. 238f.) auf solche kolalappischen Formen hin wie *olmuj*, *olmyj* 'Mensch', *oaγsaj* 'Zweiglein', *vælkalaj* 'Schuldner' und meint dazu: „In den letzterwähnten nominativformen scheint ein kürzeres suffix (nur *j* < *ή*, nicht *ηs*) als in den übrigen kasus angewandt worden zu sein." „Ich möchte jetzt die frage aufstellen: sind die finnischen nominativformen auf *-inen* nicht in ähnlicher weise, wie die letzterwähnten nominativformen im kolalappischen aufzufassen? Darf man hier vielleicht einen übergang von *ή* > *n* im auslaut annehmen, was daneben auch zu der Annahme irgendeiner anhäufung (oder verdoppelung) der suffixelemente nötigte." „Ich stelle mir den vorgang so vor: dem kolalappischen verhältnis [d. h. *j* : *ńč́*. Anm. d. Verf.] sollte im urfinnischen ein verhältnis: nom. **kalaή*: gen. **kalaήsen* entsprechen, welches **kalan* (*kalain*?) : *kalaisen* ergeben würde. Ein nominativ *kalain* mit *i* wäre, wenn nicht lautgesetzlich, jedenfalls nach der analogie der übrigen kasusformen gebildet worden; diesem nominativtypus entsprechen die nomina propria auf *in*, wie *Siitoin*, *Langolain* und die dialektischen formen *suomalain*, *nuorukain* etc. wie auch die livischen formen *nai* (< **nain*), *pun'ni* usw. Die nominativformen auf *-inen* wären durch eine kontamination mit diminutiven auf *ne* (= mordw. *-ne*, *-nä*. z. B. *tśorane* 'knäbchen', mokschamordw. *kutnä* 'häuschen') entstanden" (zitiert nach Toivonen, Affrik. S. 50/51).

Diese Erklärung kann auch heute noch im Prinzip gebilligt werden; nur sind zwei lautgeschichtliche Korrekturen notwendig. Erstens ist selbstverständlich nicht von *ήs*, sondern von *ήś* resp. *ήt'ś* auszugehen (vgl. Toiv. Affr. S. 51), zweitens konnte *n* nicht aus *ή*, sondern höchstens aus *ń* entstehen, das seinerseits aus Assimilierung des *ή* an das *t'ś* hervorgegangen war (für solche und ähnliche Assimilationen bringt Toivonen, Affr. S. 233ff eine Reihe Beispiele). Toivonen erwähnt freilich diese Herkunft des (vorletzten) Nominativ -*n* der Stämme auf -*inen* nicht. Abgesehen davon, daß dies keine Ablehnung dieser Herleitung seitens Toivonen zu besagen braucht, da er ja nur von der Vertretung der Affrikaten in den heutigen fi.-ugr. Sprachen handelt, erscheint uns diese Herleitung durch die schlagende Parallele aus dem Lappischen völlig gesichert (vgl. auch Wiklund, Stufenwechselstudien, Monde Orient. VII (1913) 203—23).

Als Variante (II) wäre also *nan, punan* anzusetzen.

In dieser Form ist jedoch diese Variante heute gänzlich unbekannt und es finden sich auch keine Spuren von ihr in der älteren Literatur (nebenbei gesagt finden sich in dieser zwar, insbesondere bei Agricola, in den cas. obl. *i*-lose Formen — vgl. Rapola, SKH S. 283/85 —, aber sie beruhen selbstverständlich auf sekundärem Schwund des *i*; siehe sogleich). Heute findet sich vielmehr diese Variante nur mit *i*-Diphthong, also (IIb) *nain, punain.*

Daß aus den obliquen Kasus das *i* in den Nominativ eingeführt wurde, ist nicht weiter zu verwundern: solche Ausgleichungen innerhalb eines Paradigmas in Richtung des Diphthongs resp. des einfachen Vokals sind auch sonst üblich. Daß in diesem Falle der Ausgleich zugunsten des Diphthongs im Gegensatz zu dem viel gewöhnlicheren Ausgleich zugunsten des einfachen Vokals stattfand, erklärt sich außer aus dem Umstand, daß hier die zahlenmäßig überwiegenden casus obliqui den Diphthong aufweisen, während dies bei anderen Typen gerade beim Nominativ der Fall ist, vor allem aus dem viel früheren Datum dieser Ausgleichung. Die Verallgemeinerungen in Richtung des einfachen Vokals fallen nämlich in eine viel spätere Periode und haben übrigens dann auch die Nomina auf -*inen* ergriffen (vgl. die soeben erwähnte Stelle bei Rapola).

Viel verwunderlicher könnte es erscheinen, wieso in den cas. obliqui denn ein *i* stand. Dies konnte doch nur aus *ή* hervorgegangen sein und dieses ist doch nach unseren vorstehenden Ausführungen vor *t'ś* zu *ń* assimiliert worden. Auch dieser Einwurf ist leicht zu entkräften. *ή* wurde nur, wo es einmal in derselben Silbe vor *t'ś* gestanden hatte (bevor dieses abfiel), also im Nominativ und ursprünglich wohl auch im part. und ess. sg. (siehe sogleich), zu *ń* assimiliert, blieb dagegen in den cas. obl., in denen *t'ś* zur nächsten Silbe gehörte, zunächst als solches erhalten (bis es dann in *i* überging), also (grob schematisch angedeutet): *naήt'ś* > *nańt'ś* > *nań* > *nan*, *punaήt'ś* > *punańt'ś* > *punań* > *punan*, dagegen *naήt'śe̯n* (resp. *naή́śe̮n*) > *naitsen* (resp. *naisen*), *punaή́t'śe̮n* (resp. *punaή́śe̮n*) > *punaisen*.

Als sekundäre Kontaminationsvarianten wären dann aus (I) und (II) folgende Typen entstanden:

(III) *nais*, *punais* und (IV) *naine*, *punaine*.

Der Typus (III) ist auch heute noch durchaus bekannt, wenn er auch nicht mehr als eigentlicher Nominativ verwendet wird, sondern nur noch in Komposita als determinierendes (erstes) Glied auftritt. Es kann sich nämlich in diesem Fall nicht etwa um einen verkürzten Genitiv oder um die Setzung des Wortes im Wortstamm handeln — obwohl diese Form zufällig mit dem sprachwissenschaftlich zu abstrahierenden Wortstamm übereinstimmt —; denn eine solche Verwendung des „Wortstammes" in Komposita, wie sie im Indogermanischen vorkommt, ist jedenfalls dem Finnischen fremd (es heißt z. B. auch nicht *vuot-*, sondern entweder *vuosi* oder *vuoden* in Komposita (vgl. *vuosijuhla*, *vuodenaika*) und auch nicht *vanhuut-*, sondern entweder *vanhuus* oder *vanhuuden* (vgl. *vanhuuseläke* und *vanhuudenaika*). Man vergleiche auch Flexionsfälle wie *syys* gen. *sykysen*, estn. *nugis* gen. *nugise* 'Marder' (vgl. dazu Ojansuu, Vir. 1917, S. 106/08, der annimmt, daß hier ein *ś*-Typus sich mit dem *-nen-* resp. *-sen-* Typus vermengt habe).

Auf den Gedanken an Verwendung des „Wortstammes" im Kompositum könnte der Typus '*nuorsuomalainen*' führen; daß es sich hier aber einfach um *i*-losen, also verkürzten Nominativ des ersten Kompositionsgliedes in Kompositum mit längerem zweiten Glied handelt, zeigt eine Form wie *Uusmaalainen* (gegenüber *Uusimaa*).

Der Typ (IV) existiert als solcher nicht (heute müßte er natürlich in der Form *naini*, *punaini* auftreten. Über die diese Gestalt aufweisenden karelischen Formen siehe soeben, wo auch die Rede von solchen ostwotischen Formen wie *nai̯ne̮*, *egline* usw. war). Aus diesem Typ entstand vielmehr schon sehr früh, nämlich ehe Auslaut-*e* zu *i* werden konnte, durch Anhängung von *n* der Typ (V): *nainen*, *punainen*. Diese Anfügung des *n* ist wohl, wie dies schon Setälä tut, wegen der oft diminutiven Bedeutung der Nomina auf *-inen* am natürlichsten aus Vermengung mit den Diminutiva auf *-n* zu erklären; viel weniger wahrscheinlich, wenn auch nicht völlig ausgeschlossen, wäre es auch, an eine Art Suffixverdoppelung, wie dies auch Setälä als zweite Alternative freizustellen scheint und auch Kettunen (Vir. 1924 S. 103) annimmt, zu denken (vgl.

etwa *kymmenen*). Auf jeden Fall ist es klar, daß das zweite *n* im Nominativ erst sekundär angefügt ist, da es ja heute noch nicht organisch mit dem Wortkörper verwachsen ist. Im Gegenteil! Dieses unorganisch angefügte *n* ist mit dem Umstand zusammen, daß der Wechsel *ŋ́t'ś* ∼ *ŋ́*, sekundär *ŋ́t'ś* ∼ *ń* resp. dessen lautgesetzliche Fortsetzung *its* (resp. *is*) ∼ *n* längst abgestorben ist, schuld daran, daß der Nominativ von dem sonstigen Paradigma immer mehr isoliert wurde und die *s*-Gestalt resp. in einigen Paradigmen die *ts*-Gestalt des auslautenden Stammkonsonanten auf alle obliquen Kasus einschließlich part. und ess. sg. verallgemeinert wurde.

Die Erklärung, die Kettunen, Vir. 1924 S. 101/03 für die Deklination der Stämme auf *-inen* gibt, erscheint mir lautlich anfechtbar. Er nimmt eine Vermengung mit den Stämmen auf *-isa* an, deren *s* doch etymologisch anders zu bewerten ist als das *s* der Stämme auf *-inen* resp. *-ise* (vgl. z. B. die mordwinische Vertretung), ganz abgesehen von der nicht befriedigend bewiesenen Annahme eines Übergangs *a* > *e* zwischen Dentalen (auch Laurosela, Äänn. Hist. Tutk. Etelä. Pohjanm. Murt. II S. 55 sieht die Adjektiva auf *-inen* und *-isa* für ursprünglich identisch an, er führt aber umgekehrt den Typ *-isa* auf den Typ *-inen*, und zwar auf den Plural des letzteren, zurück). Außerdem sind ja die Stämme auf *-isa* bedeutungsmäßig trotz gewisser vereinzelter Berührungspunkte deutlich von den Stämmen auf *-inen*, *-ise* getrennt, da es unter ihnen keine Deminutive gibt.

§ 80. Als letztes Suffix wäre noch das des Konditionals zu behandeln, das auch in diesen Zusammenhang zu gehören scheint, da bei ihm ebenfalls, und zwar in der 3. sg., der Auslautvokal auf einem ausgedehnten Gebiet wahlweise wegfallen kann.

Nach den Ausführungen Ravilas über dieses Suffix im Ostseefinnischen und Lappischen, FUF XXIII, S. 55/59, können wir uns kurz fassen. Ravila führt das estnisch-livisch-wotische Konditionalsuffix *-ksi* und den diesem entsprechenden lappischen Konditional zunächst auf eine Ausgangsform **-k'ś-* (resp. **-k't'ś-*) und den finnisch-karelisch-wepsischen *-isi*-Konditional sowie den diesem entsprechenden lappischen Potential auf eine Ausgangsform **-ŋ́ś-* (resp. **-ŋ́t'ś-*) zurück. Beide Ausgangsformen lassen sich aber wiederum aus ein- und derselben Grundform begreifen. **k'ś-* (resp. **-k't'ś-*) läßt sich nämlich auf *-*ŋ́k'ś-* (resp. **-ŋ́k't'ś-*) zurückführen. Es wäre aus diesem am Silben- resp. Wortende entstanden und der Übergang *ήk'ť'ś > *k'ť'ś wäre im Prinzip derselbe wie *ntt* > *tt*. Dieses *-ήk'ś- (resp. *-ήk'ť'ś-) wiederum läßt sich sehr wohl als Variante von *-ήś- (resp. *ήť'ś-) auffassen, sei es in der Weise, daß letzteres (-*ήś- resp. -*ήť'ś-) die Schwach- und ersteres (*-ήk'ś- resp. -*ήk'ť'ś-) die Starkstufe darstellt, sei es, daß *k'* als Gleitlaut zwischen *ή* und *ś* (resp. *ť'ś*) eingeschoben worden ist.

Wichtig ist für uns bei all dem erstens: daß auch hier wieder gleichzeitig mit dem Schwanken des Auslautvokals ein Konsonanz aufweisendes Suffix gegeben ist, und zweitens: daß das Suffix auch tatsächlich zweierlei Konsonanzgestalt aufweist, von denen die eine ganz erwartungsgemäß auch hier wieder eine Silben- (resp. Wort-)schlußvariante ist. Jede von beiden Varianten ist auf beiden Sprachgebieten, im Lappischen wie im Ostseefinnischen, vertreten. Im Lappischen ist dann eine bedeutungsmäßige Differenzierung, im Ostseefinnischen wiederum eine sekundäre dialektische Aufteilung beider Varianten erfolgt. Daß die Aufteilung beider Varianten sich heute nicht mehr nach der Stellung in der Silbe richtet, ist selbstverständlich nicht weiter befremdend, da Ausgleichungen, besonders bei der durch den gesetzmäßigen Lautwandel an und für sich herbeigeführten beträchtlichen Vereinfachung der ursprünglichen Konsonanz *ήť'ś-* innerhalb des Paradigmas nahe lagen.

Soweit scheint also alles betreffs des Konditionalsuffixes in Ordnung zu sein. Bei genauerem Zusehen ergeben sich jedoch gewisse Bedenken, da das Schwanken betreffs Auslautvokal resp. Auslautvokallosigkeit bei diesem Suffix nicht ganz so weit verbreitet zu sein scheint wie in den anderen von Rapola gleichzeitig angeführten Fällen (vgl. auch oben beim Translativ § 74). Zwar finden sich auch auf den Dialektgebieten von Häme und Savo auslautlose Formen; sie scheinen aber nach Ojansuu, LMÄH I S. 188, in diesen Gebieten zum großen Teil auf SW-finnischem Einfluß zu beruhen. Freilich finden sich solche apokopierten Formen bis ins Karelisch-Olonetzische, wo sie nach Ojansuu (KAÄH 136) wiederum auf savolaxischem Einfluß beruhen. Gewisse Bedenken könnte auch der Umstand erwecken, daß mit der Apokope des Konditional-*i* in den heutigen Dialekten eine Apokope in der 3. sg. imperf. der sogenannten „kontrahierten" Verben parallel geht. Jedoch scheint in diesem Punkte das Verhalten der alten Schriftsprache darauf hinzudeuten, daß diese letztere Apokope erst nach Analogie der Konditionalapokope allmählich Fuß gefaßt hat.

Diese verhältnismäßig geringere Verbreitung der Apokope im Konditional braucht auch gar nicht Wunder zu nehmen, wenn wir bedenken, daß das *i* sich hier ja nicht als bloßer Auslauthilfsvokal auffassen läßt. Es wird ja mit dem Präterital-*i* als identisch angesehen, wobei freilich zu bedenken ist, daß es bereits für das Gemeinfinnische andererseits nicht mehr als Funktionsträger im strengen Sinne zu betrachten ist, da die Funktion im wesentlichen auf dem *ήś* resp. *is* ruhte. Übrigens ist es nahezu sicher, daß — es handelt sich ja beim Konditionalsuffix um ein kombiniertes Suffix — vor der Anfügung des *i* bereits ein Schwanken in der 3. sg. zwischen Auslaut und Auslautlosigkeit wie in den anderen bereits genannten Fällen herrschte und sich je nachdem die erwähnte „erleichterte" resp. volle Konsonanzgestalt des Suffixes fand, wobei auch hier die üblichen sekundären Kontaminationen mochten stattgefunden haben, und später nach Anfügung des Präterital-*i* an das Suffix wäre dieses Schwanken in der 3. sg. von der neuen Form übernommen worden. Jedenfalls ist es im Lappischen so, daß die dem finnisch-karelisch-wepsischen -*isi*-Suffix entsprechende Variante, der sog. Potential, kein *i* aufweist, sondern nur der dem estnisch-livisch-wotischen -*ksi*-Suffix entsprechende sog. Konditional dieses besitzt.

Mag also die Zugehörigkeit des Konditionals zu dieser ganzen Gruppe auch vorläufig problematisch bleiben — es müßten zu diesem Behuf die Auslautverhältnisse viel genauer untersucht werden —, so ist doch andererseits nach den vorstehenden Ausführungen klar, daß die Verhältnisse beim Konditional nicht etwa als Argument gegen unsere Ansetzung eines Auslauthilfsvokals überhaupt in solchen Fällen, in denen Auslautschwankungen parallel mit Schwankungen in der Konsonanzgestalt auftreten, unter Betonung des Umstandes, daß es sich hier doch offensichtlich um ein funktionstragendes Element und keinen bloßen Stütz- oder Hilfsvokal handle, angeführt werden können. Überdies kommt es ja gar nicht darauf an, ob Funktionsträger oder nicht, sondern darauf, ob der Auslaut organisch zum ursprünglichen Stamm resp. zum ursprünglichen Suffix gehört hat oder nicht, und hier handelt es sich, wie gesagt, ganz offensichtlich um ein erst sekundär mit dem betreffenden *i* kombiniertes Suffix.

§ 81. Es bleibt also dabei, daß in allen solchen Fällen, in denen seit alter Zeit Schwankungen im Auftreten des Auslautvokals zu konstatieren sind, diese Schwankungen mit solchen der Konsonant- (genauer: Konsonanz-) Gestalt parallel gehen. Bei Stämmen mit einfachem letzten Konsonanten hat dieses Schwanken nicht stattgefunden: hier stand entweder Auslautvokal im Nominativ und dann ist er bis heute erhalten, so daß solche Stämme als von allem Anfang an vokalische Stämme hier vollkommen ausscheiden (die Bildungen auf *-ma*, *-la*, *-ra* usw. im nom. sg.), oder er fand sich hier überhaupt nicht (über eine scheinbare Ausnahme siehe sogleich), eben je nachdem ob der Stamm (resp. das einschlägige Ableitungssuffix) Auslautvokal aufwies oder nicht. Und so behaupten wir denn auch für die Stämme mit Konsonanz, bei denen nach vereinfachter Konsonanz der Auslautvokal im Nominativ fehlt, daß auch hier der Stamm (resp. das Ableitungssuffix) ursprünglich keinen Auslautvokal besaß, und daß hier nur nach „nichterleichterter" Konsonanz außer in den casus obliqui auch im Nominativ bisweilen ein Auslautvokal lediglich deshalb antrat, um die Konsonanz am Wortschluß erträglich zu machen.

§ 82. Dieser Beweisführung scheinen die Stämme auf *-uute-* zu widersprechen, da bei diesen offensichtlich ein vokalischer Stammesauslaut *e* vorhanden war — sie sind ja ursprünglich mit *vuote-* (vgl. Setälä, ÄH S. 70ff., Rapola, SKH 244/45) zusammengesetzt — und doch im Nominativ konsequent das *e* resp. *i* fehlt. Hier ist aber zu bedenken, daß in diesen Nomina der Stamm *vuote* doch eben zum Suffix herabgesunken ist und deshalb hier leicht der Nominativ analogisch wie bei anderen, ähnliche Lautgestalt aufweisenden Suffixen behandelt werden konnte: auf *-s* ausgehende Suffixe sind ja sehr häufig. Daß dieser Hinweis auf analogische Beeinflussung nicht in der Luft hängt, beweist die Vermengung mit den *-ukse-*Stämmen im Plural (im Estnischen sogar im Singular) ganz evident. Außerdem ist hier doch die Spur des alten Auslauts aufs deutlichste im $s < t$ vor *i* zu erkennen. Kein besonderer Beweiswert ist dagegen dem *ź* des Wepsischen einzuräumen, wenn wir etwa an solche Nominative denken wie *олиź*, *k'evaź*. Und schließlich den Beweis ex contrario liefert, wenn man so will, das Lappische: hier ist der Wandel $t > s$ vor *i* nicht eingetreten und somit konnte hier schon deshalb nicht die besagte analogische Beeinflussung stattfinden, abgesehen davon, daß im Lappischen der Kompositumcharakter viel deutlicher gewahrt blieb.

§ 83. Nun könnte ja immer noch eingewendet werden, daß gerade die erwähnte Parallelität der Auslautschwankung mit dem Auftreten von Konsonanz dafür spreche, daß das Auftreten des Auslautvokals genau so wie dessen Fehlen auf rein phonetischen Ursachen beruhe und nicht auf Stammesbildung; vgl. etwa Wiklunds bereits zitierte Stelle FUF I S. 98: „. . ., daß eigentlich nur die dreisilbigen stämme mit langen konsonanten zwischen der zweiten und dritten silbe den endvokal bewahrt haben, offenbar weil die zweite silbe in solchen wörtern einen nebenton erhalten haben muß, der gewissermaßen die dritte silbe mit der zweiten silbe in zweisilbigen wörtern gleichwertig gemacht hat." Bei dieser Auffassung wäre es aber immerhin, abgesehen davon, daß ja auch bei Konsonanz wahlweise der Auslautvokal unter Vereinfachung der Konsonanz fehlen kann, wobei — immer jene von einem vokalischen Stammesauslaut ausgehende Auffassung vorausgesetzt — doch der Auslautabfall das Primäre und die Konsonanzvereinfachung das Sekundäre wäre, verwunderlich, daß der Nominativvokal von dem Vokal der anderen Kasus verschieden ist. Gerade der Umstand, daß im Nominativ ein *i* und kein *a* erscheint, läßt an späteren Stützvokal denken. Nun ist freilich angenommen worden, daß dieses *i* aus *a* über *e* entstanden sei. So nimmt Ojansuu, JSFOu 30_{17} S. 13ff. eine Entwicklung $a > e > i$ im Auslaut (nach hinteren Silben) an, auch Ravila, FUF XXIII S. 38 hält an diesem Lautwandel für das Ostseefinnische fest, lehnt ihn aber für das Lappische ab, wo er ja auch offensichtlich nicht stattgefunden haben kann, da hier nie ein *i* stand (betreffs des Lappischen siehe sogleich). Uns erscheint dieser ganze Lautwandel schon aus dem einfachen Grunde problematisch, weil wir in ganz umfangreichen, sicher ebenso alten Adjektiv- und Substantivbildungen wie die, in denen neben *a* der casus obliqui im Nominativ *i* auftritt, *a* im Auslaut haben, und zwar ausgerechnet noch bei einfachem Konsonanten: *ankara*, *lihava* usw. (aber natürlich auch nach Konsonanz und Geminate in den Suffixen *-elma*, *-ama*, *-kka* u. a.). Man muß sich doch da unbedingt fragen, warum in den betreffenden Fällen nicht auch der Wandel $a > e > i$ stattgefunden hat. Und außerdem wäre doch gerade eher nach kurzem konsonantischen Element wie überhaupt nach kurzer Silbe Erhaltung des Vokals der folgenden Silbe zu erwarten gewesen, als umgekehrt (vgl. etwa die Apokope des *i* in der 3. sg. imperf. im SW-Finnischen).

Was schließlich das Lappische anbelangt, so hat hier, wie gesagt, im Nominativ jedenfalls kein Auslaut-*i* gestanden. Für denjenigen nun, der das finnische nom.-*i* der einschlägigen Stämme als Fortsetzung eines bereits ursprünglichen Auslautvokals ansehen will, ist ohne weiteres die Annahme gegeben, daß dann im Lappischen eben ein anderer Auslautvokal als *i* vorhanden war, und als solcher käme dann natürlich nur *a*, die auch für das finnische *i* angenommene ursprüngliche Vorstufe, in Frage. Und dieser Meinung ist denn auch Ravila, a. a. O. offensichtlich, obwohl er es nicht ausdrücklich sagt, nach dem ganzen Sinnzusammenhang. In Wirklichkeit lassen aber die lappischen Komparativformen in dieser Beziehung gar keinen Schluß zu: eine Form wie *buoreb* beweist nur soviel, daß im Nominativauslaut kein enger Vokal gestanden hat, sie läßt aber nicht zwingend auf ein Auslaut-*a* schließen, sondern es ist nur möglich, daß *a* im Auslaut gestanden hat, ebenso gut ist es aber auch möglich, daß gar kein vokalischer Auslaut vorhanden war. Und diese letztere Alternative halten wir nach allem Obigen für das Gegebene. Jedenfalls spricht diese u. ä. lappische Formen in keiner Weise gegen unsere Auffassung.

Also, wie gesagt, dieser ganze Lautwandel Auslaut-*a* > *e* > *i* erscheint durchaus problematisch und die Annahme der späteren Hinzufügung eines Auslautstütz- oder -hilfsvokals d. i. die Annahme sekundären Vokalstammes hat demgegenüber viel mehr Wahrscheinlichkeit für sich.

Erst in sehr später Zeit ist der Auslaut *a* im Nominativ nach Analogie der obliquen Kasus in Worten wie *mokoma*, *muutama*, *kutama* eingeführt worden. Insbesondere bei *mokoma* lag diese Ausgleichung des Nominativs an die obliquen Kasus wegen der außerordentlichen Abweichung desselben (*moin*) nahe. Wegen des späten Aufkommens dieser Varianten können sie selbstverständlich nicht gegen unsere obigen Ausführungen irgendwie geltend gemacht werden (schon der Übergang *m* > *n* erweist ja das hohe Alter des auslautlosen Nominativs). Beachtenswert ist außerdem die Tatsache, daß nicht nur der ess. sg., sondern auch der part. sg. heute meist vom Vokalstamm gebildet wird (also statt *mointa* : *mokomaa*, statt *muudanta* : *muutamaa*; vgl. die Verhältnisse beim Komparativ, siehe oben § 77 Ende).

Eine relativ späte Bildung ist sicher auch das part. praes., dessen alter Nominativ, soweit er vokalstämmig war, auf *-i* < *-e* ausging (§ 78). Daß hier eine Nominativform auf *-a* entstand, wurde durch die Adjektivbildungen auf *-βα* wie *lihava* usw. begünstigt, wie entsprechend die Bildung solcher Nominative wie *muutama*, *mokoma* durch die Bildungen auf *-ma* befördert wurde. Nur dürfte das *a* im nom. sg. der Partizipia schon wesentlich älter sein, wie aus der viel größeren Verbreitung geschlossen werden muß.

§ 84. Bisher war nur die Rede von drei- und mehrsilbigen Nominalstämmen. Zweifellos hat es aber auch unter den drei- und mehrsilbigen Verbalstämmen solche gegeben, bei denen der Auslautvokal nur als Hilfsvokal erst sekundär zum Stamm zugefügt worden ist. Freilich läßt sich das hier nicht so bindend beweisen wie bei den Nominalstämmen, da es bei den Verba eine endungslose Grundform wie den Nominativ bei den Nomina nicht gibt. Aber vermuten läßt sich immerhin, daß z. B. die sogenannten kontrahierten Verba an sich nur mit einem Element *-t-* und nicht *-ta-* abgeleitet sind und daß das *a* demgemäß nur ein Hilfsvokal ist, der lediglich in solchen Formen zugefügt wird, wo durch ihn eine Konsonanz am Wortende vermieden werden soll. Diese Annahme betreffs der kontrahierten Verba ist deshalb berechtigt, weil sich von einem *a* in diesen Verben völlig konsequent in sämtlichen als konsonantstämmig möglichen Formen keine Spuren finden.

§ 85. Übrigens wollen unsere Ausführungen nicht so schematisch verstanden werden, als ob ausschließlich bei Drei- und Mehrsilbern der Auslautvokal Hilfsvokal sein könnte. Genau so wenig wie wir durchgängig bei allen Drei- und Mehrsilbern den Auslautvokal als Hilfsvokal ansehen möchten, ist umgekehrt bei den Zweisilbern zweifellos der Auslautvokal nicht durchgängig stammhaft. Mit Sicherheit können wir das etwa vom Personalpronomen der 3. sg. behaupten, deren *e* in *hänen* usw. ebensowenig als stammhaft gelten kann wie etwa das letzte *e* in *paimenen*, *huomenen*. Auch bei *kumpi*, gen. *kumman*, dürfte das *i* resp. *a* ebenso sehr als Hilfsvokal anzusprechen sein, wie das *i* resp. *a* im Komparativ überhaupt. Und schließlich gibt es eine Reihe von Zweisilbern, die aus früheren Dreisilbern entstanden sind (*hiire-*, *mēhe-* u. v. a. m.); soweit diese abgeleitete Stämme sind, und zwar mit konsonantischem Formans abgeleitete, handelt es sich auch bei ihnen um ursprüngliche Konsonantstämme.

8. Kapitel (§§ 86—97).

Der a∼e-Wechsel.

§ 86. Was hat nun der Wechsel zwischen Konsonant- und Vokalstamm bei Zweisilbern einerseits und Drei- und Mehrsilbern andererseits mit dem uns gestellten Problem des *a*∼*e*-Wechsels zu tun?

Einen Hinweis in der Richtung des *a*∼*e*-Wechsels haben wir schon in dem nom. sg. des Komparativs und des alten part. praes. act. auf *-i* (< *e* resp. < *e̯*); denn hier haben wir ursprünglich *-e* (*-e̯*) neben *a* der casus obliqui. Die Erklärung dieses Falles von *a* ∼ *e*-Wechsel scheint kaum Schwierigkeiten zu bereiten: das *-e* (*-e̯*) wird hier aus den anderen sekundären Nominativtypen (auf *-nte*, *-kse*) mit *e* (*e̯*), resp. überhaupt von anderen Fällen mit „Stützvokal" *-e* (*e̯*) (wie Poss.-Suff., Translativ u. a.) übernommen sein.

Damit hätten wir aber zunächst nur eine der üblichen Analogieerklärungen geliefert, die sich damit begnügen, eine Form nach dem Muster anderer zu erklären, ohne darauf einzugehen, warum die Analogie gerade in der betreffenden Richtung gegangen ist. Ebensogut hätte doch in den Bildungen mit *a* in den casus obliqui dieses in den nom. sg. übertragen werden können und von da aus weiter auf andere Formen mit sekundärem Stützvokal, und zwar zunächst auf solche, die keine casus obliqui neben sich hatten (z. B. Poss.-Suffixe), und dann eventuell auch auf solche Nominative, denen in den casus obliqui der Themavokal *e* gegenüberstand. Die relative Frequenz beider Themavokaltypen läßt jedenfalls beide Analogierichtungen zu. An sich ist freilich als sekundärer Themavokal *e* (*e̯*) viel häufiger als *a* (vergleiche die so zahlreichen Bildungen auf **-k*, *-s*, *-t*, *-l*, *-r*, usw., die sämtlich den sekundären Themavokal *e* (*e̯*) aufweisen, gegenüber den nur zwei Bildungstypen auf *-m* und *-t* mit Themavokal *a*), aber hier können, falls man nur von Analogie sprechen will, nur die Fälle herangezogen werden, in denen sich auch sekundärer vokalstämmiger nom. sg. findet; und unter diesen ist der Themavokal *a* gleich häufig, genau genommen sogar häufiger vertreten als *e* (vgl. Komparativ und part. praes. gegenüber Ordinale).

§ 87. Wir müssen die Lösung in anderen Umständen suchen, und zwar kann sie u. E. nur darin gesucht werden, daß gerade *e* (*ẹ*) eine besondere Neigung zeigte, zum „Hilfsvokal" überhaupt, also nicht nur zum „Auslautshilfsvokal" oder „Stützvokal", sondern auch zum „Einschubvokal" („Themavokal", „Bindevokal") zu werden, m. a. W., daß die Stämme auf *-e* (*-ẹ*) eine besondere Neigung zu sekundärer Verallgemeinerung zeigten. Dies sehen wir schon an der soeben erwähnten größeren Häufigkeit von *e* (*ẹ*) als Themavokal bei abgeleiteten Stämmen. Daß *a* hier überhaupt als Themavokal bei Bildungen auf *-m* (nur nominale d. i. substantivische und adjektivische Bildungen) und auf *-t* (nur verbale [„verba contracta"], keine nominale Bildungen; bei letzteren hier ebenfalls Themavokal *e*, z. B. *ohut* u. a.; denn bei den part. praet. act. dürfte *a* als Themavokal doch wohl sekundär sein, siehe sogleich) vorkommt, dürfte, wie bereits angedeutet, naheliegende Angleichung an die häufigen vokalischen Nominaltypen auf *-ma* resp. die ebenfalls häufigen zwei- und auch drei- und mehrsilbigen Verbaltypen mit Stamm auf *-ta-* resp. *-tä-* (vgl. *rakentaa*, *kieltää*, *lentää* usw.) sein.

Im Folgenden müssen wir die verschiedenen Verwendungstypen von *e* (*ẹ*) als Hilfsvokal näher ins Auge fassen.

§ 88. Bisher haben wir *e* (*ẹ*) als „Themavokal" in den casus obliqui (gen., acc. usw.) mit konsonantischem Suffix abgeleiteter, also an sich konsantstämmiger Drei- und Mehrsilber (Typ I a) sowie als „Stütz"- oder „Auslautshilfsvokal" zur Erleichterung schwerer Konsonanzen am Wortende (*-nte*, *-kse* bei Ordinalia, Possess.-Suff., Translativ usw.) (Typ I b) kennengelernt.

e (*ẹ*) tritt aber auch sonst als „Hilfsvokal", und zwar als eine Art „Bindevokal" in Ableitungs- und Flexionsformantia (also zwar nicht innerhalb des Wortstammes, aber doch immerhin innerhalb des Wortes) auf. Wichtig ist es aber auch hier, sich dabei immer vor Augen zu halten, daß es sich auch in diesem Falle um eine bildliche Redeweise handelt und in Wirklichkeit sekundäre Einführung von Vokalstamm vorliegt.

Wir denken zunächst an solche Fälle, die den oben behandelten ganz nahestehen, und zwar meinen wir das Auftreten von *e* (*ẹ*) in der Fuge zwischen Stamm und Possessivsuffix: *sormuksęni* (Typ Ic). Hier sprach auch die bisherige Forschung von „Hilfsvokal" (Setälä, Mark). Dieses ę (*e*) könnten wir als Auslautshilfsvokal nach *ks* im nom. sg. (siehe § 75) auffassen, aber in Wirklichkeit dürfte es sich hier einfach um den Themavokal ę aus den casus obliqui handeln, da ja bekanntlich u. a. der gen. sg. im nom. sg. mit aufgegangen ist, und so haben wir denn schließlich heute auch bei Konsonantstämmen auf einfachen Konsonanten solche Formen wie *perheeni*, *laupiuteni* ausschließlich in Gebrauch. Man vergleiche aber bei Agricola solche Formen wie *laupiutti*, *Sinun perechti* (siehe oben § 22).

Weiter haben wir den Bindevokal *e* (ę) im gen. pl.: **taloδęn* und **taloiδęn* (heute nur noch in der zweiten Form als *talojen* zutagetretend) (Typ Id). Auch hier sprachen Forscher wie Setälä und Ojansuu von „Hilfsvokal". Hier fungiert *e* (ę) gewissermaßen auch noch analog dem Themavokal, wenn wir den Pluralstamm *talot* als eine abgeleitete konsonantstämmige Nominalbildung auffassen wie etwa **saδęk*. Dieser konsonantische Pluralstamm ist nicht konstruiert, sondern liegt bekanntlich im nom. pl. faktisch vor. Den sekundären vokalischen Pluralstamm (Typ IV) haben wir wohl auch in folgenden mit Possess.-Suffix versehenen nom. pl., die Ojansuu anführt (siehe oben § 23): *Pämiestens*, *sinun Orhidhes* (nach Ojansuu zu lesen: *orhihδes*, mit nicht lautgesetzlichem *δ* statt *t*).

Zu diesem Typ Id gehört auch das *e* (ę) im Allativ und Illativ; denn auch hier ist der Bindevokal *e* (ę) ein Quasi-Themavokal von einem abgeleiteten Konsonantstamm, und zwar wird dieser Konsonantstamm im einen Falle mit dem Derivationselement *l*. im anderen mit dem Derivationselement *s* (resp. dessen schwacher Stufe *h* [< **z*?]) gebildet. Auch hier sind beide urgierten Konsonantstämme keine Phantome, sondern liegen in Adessiv/Ablativ und Inessiv/Elativ faktisch vor. In beiden Fällen folgt auf das *e* (ę) ein aus einfachem Konsonant bestehendes Kasussuffix, nämlich das alte Lativ -*ń* > -*n*:

**talolęn* (resp. **talolęń*), heute analogisch an den Adessiv angeglichen: *talolle*;

**talohęn* > *talohon* > *taloon*.

§ 89. Nunmehr kommen wir zu einem sich deutlich von Typ I abhebenden Typ des bindevokalischen *e* (ę), der aber keinesfalls grundsätzlich vom Typ I resp. dessen Unterarten verschieden ist.

Wir meinen solche Fälle, in denen der Form mit *e* (*ẹ*) kein Konsonantstamm, sondern ein Vokalstamm auf *-a* resp. *-ä* (in einigen Fällen auch andere Vokalstämme, siehe Beispiele) gegenübersteht. Damit kommen wir wieder unmittelbar auf das Problem des *a* ~ *e*-Wechsels zurück.

Wir meinen solche Fälle (in allen hier folgenden Fällen kommt selbstverständlich immer nur das *e* vor dem einschlägigen konsonantischen Suffixelement in Frage) wie den Komparativ der zweisilbigen *a*-stämmigen Adjektive, die verbalen Ableitungen auf *-ene-*, *-eksi-*, *-eksu-*, *-ele-* und die Verbalnomina auf **-ek* sowie das Passiv mehrsilbiger *a*-Stämme (auch alle anderen genannten Bildungen kommen hier nur insoweit in Frage, als sie von *a*- resp. *ä*-Stämmen gebildet sind): *laajempi*, *pahempi*, *harvempi*, *lujempi*, *kovempi*; *laajenee*, *pahenee*, *harvenee*, *lujenee*, *kovenee*; *halveksii* (von *halpa*), *paheksuu* (von *paha*), *väheksyy* (bei letzterem Suffix bleibt jedoch oft das stammhafte *a*, *ä* erhalten: *omaksuu*, *hyväksyy*); *kannella* (von *kantaa*), *haastella* (von *haastaa*), *opetella*, *uskotella* (von *opettaa*, *uskottaa*); *sade*ᶜ (von *sataa*), *kanne*ᶜ (von *kantaa*), *murre* (von *murtaa*) u. v. a.; *kaadetaan*, *annetaan*, *rakennetaan* usw. usw. (Typ II).

Auch von anderen als *a*- (*ä*-)Stämmen haben wir solche Ableitungen allgemein verbreitet und in der Schriftsprache vor allem bei den Typen *-ele-* und **ek*, z. B. *puhella* (von *puhua*), *astella* (von *astua*) u. a., *puhe* (von *puhua*), *lause* (von *lausua*), zum großen Teil handelt es sich bei solchen Bildungen um Kunstwörter, denn die Verbalnomina auf *-e*ᶜ waren bei den Neologisten besonders beliebt (vgl. *murre*, *tiede*, *taide*, *lause*, *puhe* usw. usw.), aber es ist klar, daß auch die einschlägigen Kunstwörter speziell von *u*-Stämmen nicht ohne Rückenhalt in der Volkssprache entstehen konnten; vom Komparativ vgl. *paksempi* (von *paksu*) u. a., aber nur dialektisch, dagegen bei *-ene-* allgemein verbreitet sogar solche sicher ganz sekundäre Bildungen wie *rohkenee* (inf. *rohjeta*) von *rohkea* (< **rohkẹδa*) u. ä. Wie gesagt, machen alle diese *e*-Ableitungen von anderen als *a*-, *ä*-Stämmen (ausgenommen selbstverständlich die von *e*-Stämmen) einen mehr oder weniger sekundären Eindruck, und dasselbe gilt von den nur vereinzelt dialektisch auftretenden Komparativen auf *-empi* von drei- und mehrsilbigen *a*-Stämmen.

§ 90. Ist es denn nun wirklich so, daß in den genannten Fällen dem *e* vor dem Ableitungsformans nur ein *a*-Stamm und kein Konsonantstamm gegenübersteht? Nun, wir glauben, daß wir bei einer solchen Auffassung uns allzusehr von der sprachwissenschaftlichen Analyse leiten lassen, m. a. W., daß wir dabei die Sprache zu sehr mit den Augen des Grammatikers betrachten, für den der Begriff „Wortstamm" unter dem Eindruck der grammatischen Paradigmentafeln zur lebendigen Realität geworden ist. Für den naiven Sprecher und damit für das allgemeine Sprachgefühl verhält sich die Sache ganz anders. Für dieses war nämlich bei Entstehung des Komparativs auf *-empi* der Umstand entscheidend, daß auf die Silben *pah-*, *harv-*, *laaj-*, *luj-*, *kov-* durchaus nicht immer *-a*, sondern im Plural und im Superlativ entweder *i* resp. eine von dessen Vorstufen (*ī* oder gar noch *e̯i̯*, vgl. Estnisch und Wotisch) oder *oi̯* folgte, und somit war für den naiven Sprecher nur dieser konstante Teil des Wortes der eigentliche „Stamm" d. h. er begann, diesen Wortteil bei Ableitungen zugrunde zu legen. Da nun *e* als sekundärer Hilfsvokal resp. *e*-Stämme als sekundäre Vokalstämme schon eingebürgert waren, lag es nahe, daß auch bei den betreffenden Ableitungen sekundärer *e*-Stamm, also der „Bindevokal" *e* eingeführt wurde. Dazu trat selbstverständlich von Anfang an die Analogie der entsprechenden abgeleiteten Bildungen von *e*-Stämmen (nur genügen diese für sich allein nicht als Analogiequelle). Daß es sich tatsächlich um einen sekundären Vokal handelt, zeigt das Lappische, wo der Komparativ der zweisilbigen *a*-Stämme und die entsprechenden Verba in der Fuge zwischen Wortstamm und Ableitungssuffix einen auf ursprüngliches *a* zurückgehenden Vokal aufweisen. Man vergleiche ferner fi. *paranen*, wot. *parapi*, estn. *enam* und beachte dabei, daß von beiden Stämmen kein Positiv und damit auch keine Pluralformen eines solchen vorliegen und daß beim ersteren Stamm auch der Superlativ *a* in zweiter Silbe aufweist.

§ 91. Besonders deutlich tritt aber der sekundäre Charakter, der „Hilfsvokal"- resp. „Bindevokalcharakter" des *e* im Passiv der *a*- (*ä*-) Verba zutage. Das finnische Passiv weist bekanntlich zwei Formantia auf: *t* ∼ *δ* nach erster, *tt* ∼ *t* nach zweiter und hinterer Silbe. So ist es aber nicht immer gewesen, sondern ursprünglich fand sich überall unabhängig von der Silbenstellung *t* (∼ *δ*) als Passivzeichen, das dann nach zweiter Silbe lautgesetzlich schwand, ganz gleich ob die folgende Silbe offen (Imperfekt) oder geschlossen (Praesens) war. Solche Formen mit geschwundenem Passivzeichen gibt es denn auch in der älteren finnischen Schriftsprache (bei Westh und Martti, siehe Rapola, SKH S. 161), in ostfinnischen

Dialekten, im Lüdischen und im Wotischen (Beispiele sogleich). Es ist offensichtlich, daß *tt* (~ *t*) erst sekundär in zweiter (und danach analogisch in dritter und hinterer) Silbe eingeführt wurde, um nach dem Schwinden jeder Spur des ursprünglichen Passivzeichens wieder einen deutlichen Passivcharakter zu gewinnen. Darüber waren sich denn auch Kettunen und Setälä, die im Vir. 1915/16 eine Debatte über das Passiv geführt haben, einig. Nur über die Herkunft des *tt* (~ *t*) gingen ihre Meinungen auseinander. Kettunen denkt an analogische Einführung aus den verba contracta (die dabei sich ergebende Schwierigkeit der Erklärung des *e* statt *a* bei *a*-Stämmen will er durch das oben §§ 8—9 erwähnte Lautgesetz beseitigen), Setälä wiederum hält dieses *tt* (~ *t*) von dem anderen Passivformans für etymologisch verschieden, eine Meinung, die u. E. noch viel schwerer als die Kettunens zu rechtfertigen ist (vgl. auch Paasonens Polemik ebda.). U. E. liegt hier einfach ein relativ später Reihenübergang aus der *t* ~ *δ*- in die *tt* ~ *t̆t* (resp. *tt* ~ *t*)-Reihe vor, der durch mehrere Umstände begünstigt war, und zwar erstens durch das parallele Auftreten von starker und schwacher Stufe im Imperfekt und Praesens und zweitens durch den Anreiz (geradezu von „Notwendigkeit" läßt sich im Hinblick auf die ebenfalls vorkommenden Schwundstufenformen im Ostfinnischen usw. nicht sprechen), für die Formen mit Schwundstufe ein Ersatzformans für das Passiv, eben in Form des verstärkten ursprünglichen Formans, zu schaffen. Mag aber nun unsere hier so beiläufig geäußerte Auffassung Billigung finden oder nicht (einen ähnlichen, nur auf beschränkterem Gebiete auftretenden Vorgang haben wir ja in der „analogischen" Verstärkung des gen. pl. -*t* [resp. -*δ*] nicht nur nach zweiter, sondern auch nach dritter, ja sogar nach erster Silbe, vgl. etwa *vetten*), als wesentlicher und allgemein anerkannter Punkt bleibt doch bestehen, daß *tt*~*t* nach zweiter (und hinterer) Silbe sich erst sekundär festgesetzt hat, und gerade vor dieser sekundären Passivendung haben wir auch in *a*-Stämmen *e*, nicht vor der primären, vgl. etwa savolax. *antauta* < *antaδuta* (part. sg. vom partic. praet. pass.) (Vir. 1915 S. 133), wot. *antǟš* < *antaδaksẹn*, *jättǟš* < *jättäδäksen* (Kettunen, Vatj. ÄH² S. 149 § 379), dagegen wot. *imiǟš* < *imeδäksen* (ebda. S. 153 § 385).

Doch mit der so festgestellten Sekundärität des *e* haben wir noch nicht allzuviel gewonnen, da auch schon bisher das *e* im Passiv der *a*-Stämme für erklärungsbedürftig, also für sekundär angesehen wurde (siehe oben §§ 7—12). Wichtiger als die Feststellung der Sekundärität an sich ist auch bei dieser Form die Erklärung, wie das *e* in die Form gekommen ist. Dies ist aber in anbetracht der Tatsache, daß wir bei den einschlägigen Verba, jedenfalls soweit sie *t* vor dem *a* haben — und das ist bei weitem die Mehrzahl —, bis in relativ späte Zeit hinein, zum Teil bis heute (vgl. *tietään*, *tiettävä*, *tietty*, *taitaan*) Konsonantstamm festgestellt haben, nicht schwer. Dieser Umstand zusammen mit der anderen Tatsache, daß auch das *tt* sekundär eingeführt wurde, läßt es uns in diesem Falle noch beträchtlich verständlicher erscheinen als anderswo, daß sekundärer Vokal vor dem betreffenden Formans eingeführt wurde.

§ 92. Übrigens hatte dieses sekundäre *e*-Passiv von *a*-Stämmen bereits ein älteres Vorbild in den Verbalnomina auf **-ek* sowie in gewissen verbalen Ableitungen wie z. B. denen auf *-ele-*, *-eksi-* u. a., soweit diese von *a*-Stämmen gebildet werden. Hier findet sich Entsprechendes auch im Lappischen, vgl. *čãlâ* gen. *čãllâgâ* neben *čallet*, *mui'tâlit* neben *mui'tet*, *guoddâšit* neben *guod'det* (siehe Nielsen, Lærebok i lappisk I § 188 und ders., Die Quantitätsverhältnisse im Polmaklappischen S. 302), während sich im Passiv im Lappischen nichts Ähnliches nachweisen läßt (vgl. die von Setälä, Vir. 1915 angeführten koltlp. Passive *puoᴅe't* 'es wird gekommen', *tieᴅe't* 'es wird gewußt', *koδᴅe't* 'es wird getötet'). Mögen nun auch die genannten Verbalableitungen *čãlâ* usw. auf urfinnischem Einfluß beruhen und nicht ursprünglich lappisch sein, so zeugen sie doch immerhin für urfinnisches Alter der Verbalnomina auf **ek* sowie anderer Verbalableitungen, während das *e*-Passiv kaum in so hohe Zeit hinaufreicht.

Natürlich sind auch die Ableitungen auf **-ek* und die anderen mit *e* an den Konsonantstamm angeschlossenen Verbalderivate (*-ele-*, *-eksi-* u. a.), sowie sie neben *a*- (*ä*-) Stämmen auftreten, in ihrer Entstehung wie das Passiv so zu erklären, daß neben den betreffenden *a*-Stämmen seit alters Konsonantstämme auftraten.

Sicherlich haben wir in gleicher Weise zu erklärendes *e* statt ursprünglichem *a* auch vor anderen Suffixen; so wohl beim Suffix *-ẹδa* (*-eδä*), heute in allen Stellungen *-ea* (*-eä*), vgl. etwa *valkea* und daneben *valkoinen*, das einen Grundstamm **valka* voraussetzt; ferner bei dem von Ojansuu (Vir. 1911 S. 129) und danach von Kettunen (Vir. 1924) behandelten ostfinnischen Typ auf

-etta, z. B. *navetta* < **nauđetta* vom Stamm *nauta* (siehe oben § 7); auch bei den Suffixen *-el*, *-er*, *-era*, *-ela* u. a. dürfte jedenfalls ab und zu (es kommt immerhin neben ihnen *-al*, *-ar*, *-ara*, *-ala* vor) das betreffende *e* statt ursprünglichem *a* stehen (vgl. etwa *manner*), und so ließen sich sicher noch eine Reihe anderer Fälle finden.

§ 93. In den bisher genannten Fällen trat *e* als sekundärer Bindevokal an Stelle von stammhaftem *a* auf. Da sich nun diese Fälle des *a* ~ e-Wechsels, die stammhaftes *a* betrafen, als erklärbar erwiesen haben, dürfte die Deutung des *e*, soweit es in Ableitungs- und Flexionssuffixen an Stelle von *a* auftritt (Typ III), nicht mehr schwer fallen, zumal wir ja bereits (§ 88) von *e* als Hilfsvokal in Suffixen gehandelt und dabei vier verschiedene Typen desselben kennengelernt haben.

Zuerst kämen die Fälle in Frage, von denen wir bei Behandlung des *a* ~ *e*-Wechsels ausgegangen sind (§ 86), nämlich der nom. sg. des Komparativs und des partic. praes. mit ihrem *i* < *e* neben *a* der casus obliqui. Bei der sekundären Einführung dieses Stützvokals resp. bei der sekundären Einführung des *e*-Stammes im nom. sg. gingen die Sprecher auch hier von dem Konsonantstamm, eben der konsonantstämmigen Variante desselben Kasus, nicht aber von den casus obliqui mit ihrem Themavokal *a* aus. Der beste Beweis für diese Behauptung ist der Umstand, daß *i* < *e* gerade in der Verwendung des partic. praes. als 3. sg. indic. praes. auftritt, während sich in der eigentlichen Funktion als Partizip *a* auch im nom. sg. eingebürgert hat. Hieraus ersehen wir übrigens weiterhin, daß die auslautslose Variante dieser Form recht lange schon als 3. sg. fungiert und ihren Partizipialcharakter schon verloren haben muß, ehe die Variante mit Stützvokal aufkam; denn bei früherer Entstehung der letzteren wäre doch wohl ein gewisser Einfluß der auf *-vat* ausgehenden Pluralform zu erwarten gewesen. Ebenso mag es sich beim Komparativ verhalten und auch hier die Variante mit Stützvokal wesentlich später als die auslautslose entstanden sein. Gleichwohl sprachen wir oben mit Recht von „ursprünglichen", d. i. in den ursprünglichen Verhältnissen begründeten Parallelformen.

§ 94. Weiterhin gehört hierher inf. II *tehden*, *tehdessä*, *puhuen* (< **puhuđen*), *puhuessa* (< **puhuđessa*) neben *tehdä*ᶜ (< **tehđäk*), *puhua*ᶜ (< **puhuđak*). Hier haben wir zwar heute keine konsonantstämmige und auch keine quasikonsonantstämmige Variante, wie wir sie beim Komperativ auf *-empi* resp. beim *e*-Passiv von *a*-Stämmen erwähnt haben; aber wir dürfen nicht vergessen, daß sich von Ableitungs- und Flexionsformantia mit *a* sonst öfters rein konsonantische Varianten finden. Man vergleiche etwa imperat. 2. sg. *tuleʿ* < **tulĕk*, 2. pl. *tulkaa* < **tulkaδĕ*; dem *-ka-* des Plurals steht also einfaches *-k* des Singulars gegenüber. Oder man halte das alte "lokale" Ableitungsformans *-la* gegen das einfache *l* im ablat. und adess. (*-lta* resp. *-lla* < **-lna*). Eventuell ist hier auch der Excessiv auf *-nta* mit seinem einfachen *n* dem Essiv *-na* gegenüberzustellen (falls in *-nta* nicht späte Synkope des *a* vorliegt: *-nta* < *-nata*, wie die Starkstufe des *k* in *takanta* estn. *tagant* vermuten läßt, vgl. § 59). Weiter ist hier auch das Passivformans *-ta-* (resp. *-δa-*) gegenüber dem Suffix des partic. praet. pass. *-tu* (*-ttu*), das das *a* vermissen läßt, heranzuziehen. Da nun inf. I ein aus einfachem Konsonanten bestehendes Kasussuffix, das Lativ-*k*, aufweist und, wie oben ausführlich auseinandergesetzt, auch abgeleitete Konsonantstämme vor derartigen Suffixen einen Themavokal aufweisen (vgl. z. B. § 66), ist es sehr wohl möglich, daß die Grundform des im inf. I vorliegenden Verbalnomens konsonantstämmig war, d. h. daß das Formans dieses Infinitivs aus dem einfachen Konsonanten *t* bestand oder, falls das Formans *-ta* lautete, sich doch jedenfalls auch eine konsonantstämmige Variante von ihm fand, genau so wie sie sich neben den ebengenannten Formantia *-ka*, *-la*, (Passiv-) *-ta* findet. Mag nun das eine oder andere der Fall gewesen sein, jedenfalls war es in beiden Fällen möglich, ja sogar zu erwarten, daß dann in später entstandenen Bildungen genau wie in den anderen behandelten Typen sekundärer *e*-Stamm d. i. der sekundäre Bindevokal *e* eintrat (vgl. Allativ-Suffix **-len* mit *e* trotz *a* in *-la*). Daß aber die Instruktivform und erst recht die Inessivform des Infinitivs später entstanden sind als die Lativform auf **-ak* liegt auf der Hand (speziell über die Instruktivform des Infinitivs siehe Wiklund, Qvigstadfestschrift, der übrigens in ihr einen adverbiellen Genitiv erblickt). *e* haben wir auch sonst in späteren Kasusbildungen wie gen. pl., Illativ und dem soeben erwähnten Allativ.

Aber auch sonst noch finden wir Schwanken zwischen *a* und *e* in Suffixen. So etwa in der 1., 2. pl. der Possessivdeklination wie der Konjugation. Die lappischen Formen weisen auf urlapp. *a* (Nlp imperf. *gulâimek*, *gulâidek*; ebenso poss.-suff. pl. 1. *-mek*, 2. *-dek*), im

Finnischen haben wir weitverbreitet *e*. Ob nun dieses *e* in gleicher Weise sekundär ist wie in den obigen Beispielen — die vorauszusetzende konsonantstämmige Variante hätten wir ja in den entsprechenden Singularformen — läßt sich ohne gründliche Spezialuntersuchung über diese Suffixe nicht entscheiden, ebensowenig wie etwa das Nebeneinander von *a* und *e* in dem Infinitiv auf *-maisillani* (*-si* usw.) einerseits und dem auf *-minen* (< *meinen*) andererseits ohne eine solche zu klären ist (vgl. auch sogleich über sekundäre *a* ~ *e*-Wechsel).

§ 95. Wie kommt es nun aber, daß gerade *e* so zum sekundären Hilfsvokal wurde resp. gerade die *e*-Stämme zur Verallgemeinerung neigten? Erinnern wir uns der obigen Behandlung der zweisilbigen *e*-Stämme und speziell unseres Synkopierungsgesetzes, so dürfte die Erklärung nicht schwer fallen. Wir haben oben (bes. §§ 52, 55ff.) ausführlich genug auseinandergesetzt, warum in den synkopierten Formen nachträglich der ausgefallene Vokal nach Analogie der verbliebenen und weit in der Mehrzahl befindlichen vokalstämmigen Formen wieder eingeführt wurde. Als aber so zunächst einmal in zahlreichen, sicherlich lange Zeit konsonantstämmig gewesenen part.-, ess.-, inf.- u. a. Formen der *e*-Stämme gewissermaßen als „sekundärer" Stamm der *e*-Stamm nach und nach wieder eingeführt wurde und dieser selbstverständlich nur allmählich fortschreitende Vorgang, der die verschiedensten Teile des Wortschatzes (Substantive, Adjektive, Verba, Pronomina, Numeralia) und einen beträchtlichen Umfang desselben betraf, bereits eine lange Zeit unter immer weiterem Umsichgreifen angedauert hatte, begannen die *e*-Stämme sich immer mehr auch auf solche Formen auszubreiten, in denen sie ursprünglich kein Heimatrecht hatten. Dieses sekundäre Weiterwuchern bestimmter Stammtypen resp. von deren „Themavokal" gerade in den hinteren Silben, also vor Ableitungs- und Flexionssuffixen, ist eine aus der Indogermanistik so geläufige Tatsache, daß es hieße Eulen nach Athen tragen, wenn man sie noch mit Beispielen belegen wollte. Wer dieses sekundäre Wuchern eines bestimmten Stammtyps resp. dessen Vokals vor Ableitungs- und Flexionssuffixen leugnet und solche sekundären Vokale lautgesetzlich aus den eigentlich d. i. etymologisch zu erwartenden Vokalen erklären möchte, betrachtet die Sprache zu sehr mit den Augen des normierenden Grammatikers.

Übrigens steht bei einer solchen Auffassung der Gedanke im Hintergrund, daß die finnische Sprache mit ihrem mannigfaltig und regelmäßig ausgebildeten Formensystem und ihrem reichen Vokalismus der hinteren Silben besonders altertümlich sei im Unterschied zu mehr abgeschliffenen finnisch-ugrischen Sprachen. Diese Ansicht ist aber, wie wir gesehen haben, nur mit Vorbehalt zu billigen und gerade der so reich entwickelte finnische Vokalismus der hinteren Silben dürfte zum großen Teil als ein Produkt sekundärer Entwicklung anzusprechen sein, womit wir hier weniger das etwaige Aufkommen neuer sekundärer Vokaltypen als vielmehr den Vokalreichtum überhaupt meinen.

§ 96. Den besten Beweis für die Neigung der *e*-Stämme, sich über ihren ursprünglichen Bereich auszubreiten, haben wir darin, daß schon recht früh eine Reihe von *a*-Stämmen in *e*-Stämme übergegangen ist. Nach dem Ausweis des Lappischen und Mordwinischen sind nämlich wenigstens folgende finnischen *e*-Stämme ursprünglich *a*-Stämme gewesen: *suoli*, *järvi*, *tähti*, *talvi*, *sappi*, *särki*, *pieli*, *salmi*, *sarvi*, *vaski*, *kaksi*, wohl auch *järki*, *pursi*, *lumi*, *kynsi* (vgl. Setälä, JSFOu. 14 Nr. 3, S. 32 Anm., Wiklund, Entwurf 17 ob., Toivonen, Affrik. Nr. 132).

Man könnte hier in umgekehrter Richtung gehende Vermengungen entgegenhalten. So führten wir § 59 eine Reihe dreisilbiger Nomina und Verba aus südwestfinnischen und estnischen Dialekten mit dem Auslautsvokal *a* gegenüber anderswo auftretendem *e* als Beispiele dafür an, daß gewisse *a*-Stämme genau so wie die *e*-Stämme konsonantstämmige Varianten aufweisen. Da wir nunmehr die Drei- und Mehrsilber mit konsonantstämmigen Varianten als ursprüngliche Konsonantstämme erwiesen haben, kann hier natürlich schon deshalb nicht von einem Übergang ursprünglicher *e*-Stämme in *a*-Stämme gesprochen werden. Außerdem steht, worauf wir schon oben hingewiesen haben, bei einer Reihe dieser Stämme deren spätes Aufkommen fest, wie übrigens diesen Fällen auch umgekehrt ganz sekundäre Übergänge von *a*-Stämmen in *e*-Stämme, vor allem in estnischen Dialekten, gegenüberstehen.

§ 97. Wie es solche späte, erst in die neuere einzelsprachliche oder besser einzeldialektische Periode (späte finnische, estnische usw.) fallende Übergänge von *a*- in *e*-Stämme und umgekehrt gibt, so finden sich dementsprechend auch ganz sekundäre Übergänge von *a* in *e* und umgekehrt, die in viel spätere Zeit fallen als die Übergänge, die wir in der vorliegenden Arbeit im Auge hatten.

Zu solchen sehr späten Übergängen gehören zahlreiche interdialektische Schwankungen von *a* und *e*, wie z. B. in den Possessivsuffixen der 3. sg. und pl., im Komitativsuffix im Wotischen und Südwestfinnischen (s. ob. § 9), im Komparativ auf *-empi* von drei- und mehrsilbigen *a*-Stämmen und umgekehrt im Komparativ auf *-ampi* von zweisilbigen *a*-Stämmen (abgesehen von solchen alten Fällen wie estn. *enam*, wot. *parapi*), ferner in Fällen mit ganz sekundärem *i* (resp. Mouillierung) im nom. sg. neben *a* der casus obliqui, wie sie Ojansuu, JSFOu. XXX, behandelt (z. B. nom. sg. *mattal'*, *jummal'* gegenüber gen. sg. *madàлà*, *jumàлà*).

Diese und ähnliche ganz späte Fälle haben wir selbstverständlich in unserer vorliegenden Arbeit nicht im Auge gehabt. Sie können nicht in der von uns vorgenommenen Weise mit Hilfe der Ansetzung von *e* als sekundärem Hilfsvokal, d. h. mit Hilfe der Annahme sekundärer Verallgemeinerung der *e*-Stämme erklärt werden, sondern in diesen Fällen ist entweder analogische Erklärung nach Art derjenigen Kalimas (vgl. oben §§ 3, 4: z. B. betreffs des Komparativs auf *-empi* bei drei- und mehrsilbigen *a*- [*ä*]-Stämmen oder umgekehrt betreffs des Komparativs auf *-ampi* bei zweisilbigen *a*-Stämmen, soweit es sich nicht um die eben genannten ursprünglichen Fälle handelt) oder eine lautgesetzliche Erklärung am Platze, je nach Lage des Falles nach Art derjenigen von Kettunen (s. ob. §§ 8, 9), Ojansuu (z. B. trifft jedenfalls hinsichtlich der eben genannten estnischen und ähnlicher olonetzischer Beispiele seine Erklärung des nom. *-i* aus dem starken exspiratorischen Akzent der ersten Silbe in den betreffenden Dialekten zu, aber für die Erklärung des urfinnischen Komparativ *-i* kann sie nicht herangezogen werden) und Setälä (*ĕ* nach *a* in der vorhergehenden Silbe > *a*, *e* nach *ä* in der vorhergehenden Silbe > *ä*, sonst bleibt *e* resp. *ĕ*, eine Erklärung, die z. B. bei gewissen späten *a* ~ *e*-Schwankungen der Possessivsuffixe anzuwenden ist, vgl. Mark, Poss.-Suff. S. 267/68).

Auch der mehrfach erwähnte lappische *a* ~ *e*-Wechsel in Stämmen mit ungerader Silbenzahl gehört vielleicht in die Reihe der rein lautgesetzlich zu erklärenden Fälle.

Literaturverzeichnis.

In erster Linie wurden die einschlägigen Aufsätze folgender Zeitschriften benutzt:

Finnisch-ugrische Forschungen, Helsingfors 1901— (FUF).

Journal de la Société Finno-ougrienne, Helsingfors 1886— (JSFOu).

Mémoires de la Société Finno-ougrienne, Helsingfors 1890— (MSFOu).

Virittäjä, Helsinki 1897— (Vir.).

Von weiterer Quellenliteratur seien nur folgende wiederholt zitierte Werke angeführt:

Kettunen, Lauri, Eestin kielen äännehistoria, 2. Aufl. Helsinki 1929 (Eest. KÄH).

„ „ Vatjan kielen äännehistoria, 2. Aufl. Helsinki 1930 (Vatj. KÄH).

„ „ Lõunavepsa häälik-ajalugu, Tartu 1922.

„ „ Suomen Murteet, Helsinki 1930.

Lakó, B., A permi nyelvek szóvégi magánhangzói. Finnugor Értek. 2. Budapest 1934.

Mark, Julius, Die Possessivsuffixe in den uralischen Sprachen, Helsingfors 1923 (Poss.-Suff.).

Nielsen, Konrad, Lærebok i lappisk I. Gramm. Oslo 1926.

Ojansuu, Heikki, Karjala-annuksen äännehistoria, Helsinki 1918 (KAÄH).

„ „ Suomen lounaismurteiden äännehistoria, Vokaalioppi, Helsinki 1901 (LMÄH).

„ „ Mikael Agricolan kielestä, Helsinki 1909 (Ak).

„ „ Eräistä suomen kielen taivutussuhteista in Suomalaisen Tiedeakatemian Esitelmät ja Pöytäkirjat (1918), Helsinki 1919 (STEP).

Paasonen, Heikki, Mordvinische Lautlehre, Helsingfors 1903.

Rapola, Martti, Suomen kirjakielen historia I, Helsinki 1933 (SKH).

Setälä, E. N., Yhteissuomalainen äännehistoria, Helsinki 1890—1891 (ÄH).

UNGARISCHE BIBLIOTHEK

Für das Ungarische Institut an der Universität Berlin

herausgegeben von

JULIUS VON FARKAS

ERSTE REIHE

1. Die Herkunft der Ungarn, ihre Sprache und Urkultur. Zweite Auflage. Von Josef Szinnyei . . . RM. 1.50
2. Deutsche Handschriften in ungarischen Bibliotheken. Mit einer Faksimile-Tafel der Nibelungenhandschrift F. Von R. Gragger . . . RM. 1.50
3. Lebende Rechtsgewohnheiten und ihre Sammlungen in Ungarn. Von Karl Tagány. RM. 2.—
4. Die deutschen Lehnwörter der ungarischen Sprache. Von Theodor Thienemann . RM. —.40
5. Die Kenntnis der byzant. Geschichtsschreiber von der ältesten Geschichte der Ungarn vor der Landnahme. Von Herbert Schönebaum . . . RM. —.80
6. Preußen, Weimar und die ungarische Königskrone. Von Robert Gragger . . . RM. 5.—
7. Eine altungarische Marienklage. Von Robert Gragger . . . RM. —.50
8. Die Deutschen in Ungarn bis zum 12. Jahrhundert. Von Konrad Schünemann . . RM. 5.—
9. Geschichtliches im Nibelungenlied. Von Bálint Hóman . . . RM. 1.50
10. u. 12. Der Untergang der Römerherrschaft in Pannonien. Band I-II. Von Andreas Alföldi . . . RM. 2.— u. RM. 9.—
11. Das ungarische Volkslied. Versuch einer Systematisierung der ungarischen Bauernmelodien. Von Béla Bartók . . . RM. 15.—, geb. RM. 17.—
13. Festgabe Josef Szinnyei zum 70. Geburtstag. Hrsg. vom Ungarischen Institut . . RM. 7.—
14. Literaturdenkmäler aus Ungarns Türkenzeit. Festgabe C. H. Becker zum 50. Geburtstag. Von F. Babinger, R. Gragger, E. Mittwoch und J. H. Mordtmann . . . RM. 20.—
15. Die ungarische Romantik. Von Julius von Farkas . . . RM. 5.—, geb. RM. 6.—
16. Die ungarischen Stileigentümlichkeiten in den musikalischen Werken Franz Liszts. Von Zoltán Gárdonyi . . . RM. 6.—
17. Über die Herausgabe ungarischer Volkslieder. Von Béla Bartók. Sonderabdruck aus den Ungarischen Jahrbüchern . . . RM. —.50
18. Denkschrift für Jakob Bleyer (1874—1933) . . . RM. 7.—
19. Die Entwicklung der ungarischen Kultur. Von Gyula Kornis . . . RM. —.60
20. Die Volksmusik der Magyaren und der benachbarten Völker. Von Béla Bartók. Sonderabdruck aus den Ungarischen Jahrbüchern . . . RM. 2.—
21. Denkschrift für Zoltán von Gombocz 1877—1935 . . . RM. 7.—
22. Das ungarische Zeitungswesen. Seine Entwicklung und heutige Struktur. Von Walter Reichle . . . RM. 6.50
23. Die geistigen Grundlagen des Nationalismus in Ungarn. Von Ludwig Spohr. . . RM. 3.—

ZWEITE REIHE

1. u. 3. Ungarisches Privatrecht. Band I-II. Von A. Almási . . . RM. 8.— u. RM. 7.70
2. Staatsverträge zur Regelung von Steuer- und Gebührenfragen. Von Johann Nyulászi RM. —.60
4. Das ungarische Budgetrecht. Von Zoltán von Magyary . . . RM. 1.—
5. Ungarische Kulturpolitik nach dem Kriege. Von Graf Kuno Klebelsberg . . . RM. —.80
6. Die Sanierung Ungarns. Von Josef Sinz . . . RM. 5.—
7. Das Volksvermögen Ungarns. Von Friedrich von Fellner . . . RM. 5.—
8. Ungarns landwirtschafts-geographische Gestaltung. Von Arno Winkler . . . RM. 5.—

DRITTE REIHE

1.—4. Bibliographia Hungariae

Verzeichnis der Ungarn betreffenden Schriften in nichtungarischer Sprache

Bd. I. Historica . . . RM. 4.—	Bd. III. Philologica, Periodica . . . RM. 12.—
Bd. II. Geographica, Pol. oeconomica . RM. 22.—	Bd. IV. Register . . . RM. 8.—

Altungarische Erzählungen. Ausgewählt und übersetzt von R. Gragger. . . . Geb. RM. 20.—

Ungarische Balladen. Übertragen von Hedwig Lüdeke, ausgewählt und erläutert von Robert Gragger . . . RM. 7.—, geb. RM. 9.—

Die Entwicklung der ungarischen Literatur. Von Julius v. Farkas. 8°. 306 S. 1934 . . . RM. 6.—, geb. RM. 7.—

VERLAG WALTER DE GRUYTER & CO. / BERLIN

FSC
www.fsc.org
MIX
Papier | Fördert
gute Waldnutzung
FSC® C083411

Kolibri 360 GmbH
Ferdinand-Jühlke-Straße 7
99095 Erfurt, Deutschland
produktsicherheit@kolibri360.de